青少年百科系列丛书●自然科学文库
QINGSHAONIANBAIKEXILIECONGSHU●ZIRANKEXUEWENKU

走进全球经典建筑

Zoujin Quanqiu Jingdian Jianzhu

编写◎崔卯昕

一座座建筑让我们惊叹，
一段段历史让我们感慨，
去品读建筑，
用心去感受那曾经发生在它们身上或者周围的历史，
聆听它们的诉说。

航空工业出版社
北京

内容提要

本书以地域和时空作为"经纬线",汇集了古今中外的建筑精品之作,内容翔实地为广大读者展现了世界经典建筑的卓姿风采。从对各个建筑的全面介绍到建造过程中的种种波折、建筑人的悲喜故事……尤其针对青少年的特点,添加了诸如建筑小知识、世界级大师的个人背景资料等,从最广泛的角度对建筑作了形象的诠释。使读者在欣赏、了解建筑的同时,获得更为广阔的文化视野和审美感受。

图书在版编目(CIP)数据

走进全球经典建筑/ 崔卯昕编写. —北京:航空工业出版社,2011.5(2022.1重印)
 ISBN 978-7-80243-640-4

Ⅰ.①走… Ⅱ.①崔… Ⅲ.①建筑实录—世界 Ⅳ.①TU-881.1

中国版本图书馆CIP数据核字(2010)第216667号

分类建议 少儿·课外阅读

走进全球经典建筑
Zoujin Quanqiu Jingdian Jianzhu

航空工业出版社出版发行
(北京市安定门外小关东里14号 100029)
发行部电话:010-64815521 010-64978486

三河市燕春印务有限公司印刷　　全国各地新华书店经售
2011年5月第1版　　　　　　　2022年1月第4次印刷
开本:787×1092　1/16　　　　印张:13　字数:290千字
印数:18001—23000　　　　　　定价:48.00元

部分图片由于无法与原作者联系,稿酬未能寄达,敬请谅解!请及时与我们联络。
如有印装质量问题,我社负责调换。

前言 *Qianyan*

有一种旅行让我们震撼，触及我们的心灵，它能让我们看到人类前进的脚步，让我们忆起曾经的光荣和梦想，更让我们想到今天的责任与担当。

有人说建筑是历史的脚印。今天就让我们踏循着历史的足迹开始一段奇妙的世界建筑之旅，去品读建筑，用心感受那曾经发生在它们身上或者周围的历史，聆听它们的诉说。

19世纪前期积极浪漫主义文学运动的领袖，法国文学史上卓越的资产阶级民主作家雨果曾经说过：建筑是用石头写成的史书。在世界上任何一个国度，总能从某些建筑物中找到一些与其相关的历史事件。而人类的历史也总会与某些建筑有着千丝万缕的联系，它们见证和亲历了人类历史的变迁。罗马的斗兽场、埃及的金字塔、印度的泰姬陵、日本的法隆寺、法国的凯旋门，曾经经历了多少风风雨雨，目睹了多少朝代的更迭和政治上的风云变幻。

而有着光辉灿烂文化的中国更是给世界留下了曾经的繁华与沧桑，让我们徜徉其间的时候可以怀古勉今。

还记得在中央电视台曾经热播的大型纪录片《故宫》，历经五百年的风雨沧桑，仍向世人展示了辉煌瑰丽的东方宫殿建筑独有的魅力和丰富多彩、充满传奇的珍贵文物，讲述了许多已经尘封了的，但曾经真实鲜活的人物命运、历史事件和宫廷生活。一座故宫诉说着无尽的故事，一部《故宫》带领着我们触摸历史跳动的脉搏。

一座座建筑不仅运用自己的"语汇"，通过平面、空间的布局向世人展现着它的形式美，更创造出了某种超脱于物质性的精神意味，使其富于表情和感染力，因此它的精神文化的意义也更强更深刻。所以才有了罗丹所说的："我们整个法国就包含在我们的大教堂中，如同整个希腊包含在一个帕提侬神庙中一样。"西方当代艺术史家简森也说："当我们想起过去伟大的文明时，我们有一种习惯就是用看得见、有纪念性的建筑作为每个文明独特的象征。"

让我们静静地聆听它们的诉说吧，诉说着千百年来，人类与大自然、人类与人类之间的对立与和谐。

一座座建筑让我们感动着，一段段历史让我们感动着，希望这次的世界建筑之旅能为读者们开启一扇打开感知世界、认识世界的窗口。

让我们一起出发吧！

作　者

目录 Mulu

引子：认识并欣赏建筑

第1章 大洋洲之旅

悉尼歌剧院…………002
澳大利亚国会大厦…………006
澳大利亚联邦广场…………008

第2章 北美洲之旅

美国国会大厦…………011
帝国大厦…………013
流水别墅…………015
联合国总部…………019
西格拉姆大厦…………022
古根海姆美术馆…………025
纽约世界贸易中心…………028
美国国家美术馆东馆…………031
美国国家航空航天博物馆…………034
水晶教堂…………035
美国迪斯尼音乐厅…………038
人类学博物馆…………040
蒙特利尔奥林匹克体育场…………043
加拿大国家美术馆…………046
加拿大文明博物馆…………047

第4章 欧洲之旅

奥古斯都广场…………059
万神庙…………061
罗马斗兽场…………064
比萨大教堂建筑群…………067
威尼斯总督府…………071
佛罗伦萨主教堂…………073
罗马音乐厅…………076
圣彼得大教堂…………079
雅典卫城…………082
帕提侬神庙…………084
伊瑞克提翁神庙…………086
科尔多瓦大清真寺…………089
米拉公寓…………090
阿尔罕布拉宫…………092
枫丹白露宫…………094
巴黎圣母院…………097
卢浮宫…………102
阿赛-勒-李杜府邸…………104
凡尔赛宫…………105
波尔多剧院…………107
雄狮凯旋门…………108
埃菲尔铁塔…………110
朗香教堂…………112
蓬皮杜国家艺术与文化中心…………114
拉·维莱特公园…………116
温莎古堡…………118
圣保罗大教堂…………121
伯伦罕姆府邸…………125
大英博物馆…………127
英国国会大厦…………129
伦敦塔桥…………131
威斯敏斯特教堂…………132
英国国家剧院…………135
曼彻斯特帝国战争博物馆…………136
伯明翰百货公司…………137
英国广播公司格拉斯哥总部大楼…………138
科隆大教堂…………140
爱因斯坦天文台…………143
包豪斯校舍…………145
柏林爱乐音乐厅…………147
犹太人博物馆…………149
德国历史博物馆新馆扩建工程…………153
斐诺自然科学中心…………155

第3章 南美洲之旅

科隆大剧院…………049
巴西利亚国会大厦…………051
圣弗朗西斯科教堂…………054
巴西利亚大教堂…………056

第5章 非洲之旅

吉萨金字塔群…………158
卡纳克阿蒙神庙…………160

第6章 亚洲之旅

敦煌莫高窟…………164
孔庙…………167
山西佛光寺…………169
应县木塔…………171
故宫…………173
苏州园林…………175
鸟巢…………178
水立方…………179
泰姬陵…………181
昌迪加尔高等法院…………183
奈良法隆寺…………184
东京新市政厅…………186
关西国际机场…………188
东京国际展览中心…………189
京都火车站…………191
神户兵库县立美术馆…………193
阿联酋迪拜塔…………194

建筑名言录…………196
世界十大建筑之最…………198
普利策建筑奖的获奖者…………199
参考文献…………200

引子　认识并欣赏建筑

　　我们每天都在房屋里居住、工作、嬉戏着。建筑是我们生活的一部分。从古代的庙宇到现代的摩天大楼，建筑在不断发展并对人类的文明产生着影响。它用三维空间记录了我们的文化发展、社会现实和政治风云。你只需望一眼那至今仍不失壮丽的古罗马广场的废墟，就能感受到古罗马帝国曾经的辉煌；当你步入沙特尔大教堂（坐落在法国厄尔－卢瓦尔省省会沙特尔市的山丘上）宏伟的内部空间时，你便能体会到中世纪欧洲人的虔诚；当你仰视高高的帝国大厦时，你会仿佛看到了现代美国前进的步伐。

　　每一座建筑都见证了它所建造的那个年代。要去理解建筑符号的意义，你就必须把它所产生的那个特定的历史时期的结构和风格类型关联起来。当你逐渐了解了这些建筑最基本的要素，你就会很容易地确定一座建筑所产生的时期。

一、房屋和建筑

　　当恶劣天气来临时，一座房屋能成为人类的庇护所。而且建筑还能提供更多：建筑不仅能够满足使用者的物质需求，还能提升他们的艺术水准。建筑同雕塑一样是用三维空间展现形式、材料和色彩的视觉艺术，但它不仅仅是巨大的雕塑，它还具有现实使用的功能。

　　不同于绘画和雕塑，建筑我们随处可见，而且与特定场所发生关联。它与特殊的地理环境、气候条件密切相关。例如在阿拉伯的穆斯林进入非洲和西班牙后，当他们进行清真寺和宫殿设计时就采用了当地的建筑材料并借鉴了当地建筑的语汇。

　　被誉为艺术之母的建筑也可作为一个欣赏视觉艺术和了解它建造背景的场所。它为我们观赏绘画、雕塑，观看舞蹈、聆听歌剧提供了一个舒适的环境空间。几个世纪来，建筑引导着雕塑家、画家和其他工匠去创造和雕饰他们的作品。

二、怎样判断一座好的建筑

　　我们怎样判断一座房屋是不是一个好的建筑呢？如果下面几个问题的答案都是肯定的，那么它就是一座好的建筑。

　　◎它是否通过有效的视觉语言或多种手段展现出了建筑的功能？

　　例如，一座机场的设计可以借鉴空气动力学中的流线型，使人们可以很自然地与飞机联系起来；一座博物馆可以被雕刻成抽象的形式，以展现它所表现的当代艺术；或是一所研究机构可以将各个组成部分通过有效设计有机统一在一起，以满足人们在其中和谐工作的功能要求。

◎它是否与环境相融合？

　　一座好的建筑并不止于它的围墙，它会用独特的手法将建筑与周围环境相联系。我们会发现一些好的建筑并不是标新立异，突兀于环境之上——建筑师们会采用与周围建筑相同的材料、相同的形式，用一些新的表现手法进行设计调整，使它们看起来既同环境相协调又有自身的特点。

◎它的建造技术是否精湛？

　　建筑应该是持久的。我们很容易通过它的表象如中空门、摇摇欲坠的楼板、倾斜的墙面等，辨别一座建筑是否是脆弱的。但是，一座达标的建筑和一座优秀的建筑如何分辨还是有一定难度的，它往往取决于细节。一般小细节诸如：门上的五金器具、窗台、楼梯栏杆甚至脚踏板都可以成就或毁损一座建筑的优秀度。正如现代建筑大师密斯·凡·德·罗所说："上帝存在于细节之中。"这就是为什么优秀的建筑师总是坚持对每一个细节都要进行认真设计的原因。

◎它是否具有持久性？

　　一座好的建筑要具备持久的稳固性，即使是在它的使用者或者使用需求发生变化时。例如纽约中央车站为等候上车的旅客建造了一个巨大的候车室，尽管繁忙的客流没有更多的时间流连其中，但其内部的商店和餐馆还是在不断更新变换，使中央车站仍然不失1913年开业之初的风采。

◎它的建筑空间是否令你惊叹？感动？迷茫？还是困惑？

　　一座好的建筑能引发人们发自肺腑的感受。当我们身处一座静谧的庭院，看着满眼绿色，听着庭院中潺潺的水声，那份幽静会让我们悠然自得。而黑暗的地下通道则会让我们充满恐惧。排列整齐的纪念碑（柱）会让我们有一种平衡感和稳定感。相反那些有角度的或是倾斜的墙面、地面、天花板则又会让我们产生困惑和迷茫，并感受到危险的气息。

第 1 章

大洋洲之旅

　　建筑是城市的标志，就像天安门广场之于北京，第五大道之于纽约，凯旋门之于巴黎。那么在任何一张澳大利亚的宣传页上，我们都会看到那好似漂浮在海面上的白色贝壳式的建筑——悉尼歌剧院。它与周围的海景浑然一体，富有诗意。

　　作为一个多元文化的国家，澳大利亚具有极大的包容性，反映在建筑上也是多元文化并存。一直饱受争议的墨尔本联邦广场就是一个例证，它的设计灵感来自于数学中的几何图形，只是建筑师将静态图形转变成生活中的动态几何，以建筑的形式来表现自然的丰富性。广场的每一个角落，每一个细节，都有自己的特点，就像自然界一样。数学与建筑之间发生了明显的联系。这个项目获得了 2003 年迪拜建筑和城市空间都市设计奖，2003 年澳大利亚皇家建筑师协会最佳城市设计奖和最佳室内设计奖以及 2003 年澳大利亚维多利亚州皇家建筑师协会勋章等诸多奖项，还获得了 2005 年亚太地区最佳公共建筑奖。

　　让我们走进这个多元化的国家，去领略多元化的建筑吧！

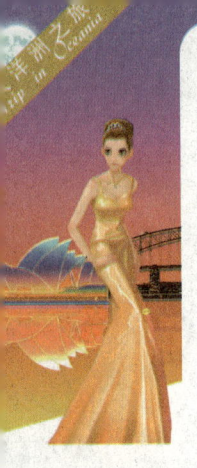

悉尼歌剧院

Sydney Opera House

地　　点：澳大利亚悉尼
建造时间：1959—1973年
建筑面积：88000平方米
建 筑 师：约翰·伍重
建筑风格：隐喻主义（又称象征主义）
评　　价：歌剧院于2007年6月28日被联合国教科文组织评为世界文化遗产

↑ 曾经是一名优秀水手的著名建筑师约翰·伍重。

　　悉尼歌剧院的外观为3组巨大的壳片，耸立在南北长186米、东西最宽处为97米的现浇钢筋混凝土结构的基座上。第一组壳片在地段西侧，四对壳片成串排列，三对朝北，一对朝南，内部是大音乐厅。第二组在地段东侧，与第一组大致平行，形式相同而规模略小，内部是歌剧厅。第三组在它们的西南方，规模最小，由两对壳片组成，里面是餐厅。其他房间都巧妙地布置在基座内。整个建筑群的入口在南端，有宽97米的大台阶。车辆入口和停车场设在大台阶下面。

　　由4块巍峨的大壳顶组成的歌剧厅、音乐厅及休息厅并排而立，前三个"贝壳"一个盖着一个，面向海湾依抱，最后一个则背向海湾侍立，看上去很像是两组打开盖倒放着的蚌。高低不一的尖顶壳，在阳光照映下，远远望去，既像竖立着的贝壳，又像两艘巨型白色帆船行驶在蔚蓝色的海面上，故有"船帆屋顶剧院"之称。那贝壳形尖屋顶，是用钢缆将2194块每块重15.3吨的弯曲形混凝土预制件拉紧拼成的，外表覆盖着105万块乳白色瓷砖。

↓ 悉尼歌剧院是公认的20世纪世界七大奇迹之一，是悉尼的地标建筑，它白色的外表、贝壳般的雕塑体又像漂浮在水中的散开的花瓣，多年来一直令人们叹为观止。

↑ 歌剧院造型新颖奇特、雄伟瑰丽，外形既如一组扬帆出海的船队，又如一枚枚竖立在海滩上的晶莹剔透的贝壳。

歌剧厅较音乐厅小，拥有1547个座位，主要用于歌剧和各种舞蹈表演；内部陈设新颖、华丽、考究，为避免演出时墙壁出现反光，墙壁一律用亚光的夹板镶成；地板和天花板则采用本地产的黄杨木和桦木制成；弹簧椅用红色光滑的皮套蒙覆。所有这些措施都是为演出时营造良好圆润的音响效果。舞台面积440平方米，有转台和升降台。舞台配有两幅法国造的毛料华丽幕布，其中一幅图案由粉红色、红色、黄色构成，犹如道道霞光普照大地，叫"日幕"；另一幅由绿色、深蓝色、棕色组成，好像一弯新月隐挂云端，称"月幕"。舞台灯光有200个回路，由计算机控制。还装有闭路电视，使舞台监督对台上、台下情况一目了然。

音乐厅是悉尼歌剧院最大的厅堂，共可容纳2679名观众，通常用于举办交响乐、室内乐、歌剧、舞蹈、合唱、流行乐、爵士乐等多种表演。此音乐厅最特别之处，就是位于音乐厅正前方，由澳洲艺术家Ronald Sharp所设计建造的大管风琴(Grand Organ)，号称是全世界最大的机械木连杆风琴，由10500个风管组成，此外，整个音乐厅使用的建材均为澳洲木材，忠实呈现澳洲自有的风格。

↑ 位于音乐厅正前方，由澳洲艺术家Ronald Sharp所设计建造的大管风琴，号称是全世界最大的机械木连杆风琴。

建筑与人文：
曲折的设计过程——从废纸里捡回的建筑奇迹

1954年，时任澳大利亚政府总理的凯希尔有一位身为悉尼市交响乐团指挥的好朋友古申斯，古申斯很希望能有一座称心如意的演奏大厅。应他的要求，政府决定出资在贝尼朗岛上建造一座歌剧院，并向全世界征求方案。建设委员会对来自32个国家的233份设计进行了筛选，最后选出3份，提请美国著名的建筑大师路艾·沙里宁审定。大师看了这3份设计，均不满意，又找来几份，还是失望。最后沙里宁决定重看所有的方案，当他在一堆废纸中看到一份示意性的草图后，立刻欣喜若狂，并力排众议，把它列为主奖。同时在评委间进行大量的游说工作，最终说服其他评委采纳了这个方案。

这份方案的设计者就是丹麦38岁的建筑师约翰·伍重。

但当把这个方案付诸实施时，却遇到了不可克服的困难。据当时粗估，壳顶只需厚10厘米，底部厚50厘米，可经过科学计算，如此巨大的薄壳根本无法实现。于是伍重不得不求助于英国著名工程师阿普鲁，历时3年，经过多次计算、试验，均告失败。阿普鲁束手无策，一筹莫展，最后不得不放弃单纯的薄壳观念，代之以预应力Y型和T型钢筋混凝土肋骨相拼接的三角瓣壳体。至此，才使壳面得以施工。

1965年5月1日，对久拖不决的"歌剧院项目"持批评态度的自由党———国家党联盟击败执政时间长达24年的工党，伍重处境陷入困难。

1966年伍重在与新南威尔士州建筑部长休斯因为经费问题吵翻之后愤然辞职。

1966年4月，失望的伍重离开了澳大利亚，并发誓将永远不再踏上这片伤心之地。

新南威尔士州政府随即任命几位澳洲建筑师接替伍重完成余下的工程。工程在澳大利亚建筑设计师（包括Peter Hall、Lionel Todd与David Littlemore三位）群力合作下才得以继续，但仍旧困难重重，直到设计全部完成之后的第十三个年头———1973年这座后来让伍重享誉世界的歌剧院才终于竣工。

↓ 悉尼歌剧院以独特的建筑设计闻名于世，它的外形像3个三角形翘首于河边，白色的屋顶形状犹如贝壳，因而有"翘首遐观的恬静修女"之美称。

悉尼歌剧院实际总耗资超过1亿澳元，是设计预算的15倍，大部分资金依靠发行彩票筹措。

世事难料，曾被讽刺为"未完成的交响曲"的建筑引来如潮的好评。伍重也随之成为传奇人物，他的经历还被改编成电影、歌剧等广为传颂。

然而遗憾的是，自从离开之后，伍重再也没有重登过这块曾经给予他无限希望又让他深深失望的大陆，直到几十年后他离开这个世界为止，他也从未亲眼看到过这座由他亲手设计的建筑屹立于悉尼港上的风采。

建筑师约翰·伍重

↓ 约翰·伍重

建筑师伍重极其注重人文历史，涉猎面遍及玛雅、中国、日本、伊斯兰等地区的文化，以及自身斯堪的纳维亚民族的风俗传统。他把这些文化传统与自己深厚的修养相结合，形成了一种艺术化的建筑感觉，以及和场所环境相融合的有机建筑的自然本能。

伍重1918年出生于丹麦哥本哈根，2008年11月29日在哥本哈根去世，享年90岁。他曾经是一名优秀的水手，直到18岁时，他还考虑过要去做一名海军军官。

当伍重于1942年毕业于高等艺术专科学校的时候，由于爆发了第二次世界大战，他同那个时代的很多建筑师一样，逃往了中立的瑞典。在那里他受雇于哈更·阿尔博格的斯德哥尔摩工作室。整个大战期间，他一直在那里工作。在那之后他又去了芬兰，与阿尔瓦·阿尔托一起工作。他游历过很多地方：摩洛哥、墨西哥、美国、中国、日本、印度和澳大利亚。

悉尼歌剧院的传奇开始于1957年，那一年伍重38岁，却仍是一位名不见经传的建筑师，只在丹麦那座莎士比亚笔下的哈姆雷特城堡附近有过一次实践。

他加入了一场匿名的有奖竞赛，那是一个将要建立在澳大利亚伸入到悉尼港湾的一小块土地上的歌剧院。他的方案在30多个国家的230位参赛者中脱颖而出，他的设计理念中选了——当时的媒体称之为"用白瓷片覆盖的三组贝壳形的混凝土拱顶"。

1973年澳大利亚皇家建筑师学会授予伍重金质奖章。1992年又授予他纪念性的Sulman奖。随着时间的推移，悉尼开始试图再度邀请伍重，1998年伍重接受悉尼市议会授予他的悉尼"城市钥匙"。

2003年4月，伍重荣获了2003普利策建筑学奖（Pritzker Architecture Prize），这项被誉为建筑学"诺贝尔奖"的奖项是用以褒奖在建筑设计创作中表现出超凡才智、洞察力和献身精神的，以及其通过建造艺术为人类及环境方面所做出的杰出贡献的建筑师个人。

"我喜欢在可能性的边缘游走"，这是伍重曾经说过的。他的作品向世界说明他已经达到并且超越了那个境界，他证明了建筑中那些令人惊异的和看上去不可能做到的事情是可以被实现的。他总是领先于他的时代，他当之无愧地成为了那些把过去的时代和永恒不朽的建筑物塑造在一起的少数几个现代主义者之一。

澳大利亚国会大厦

The Parliament House of Australia

地　　点：澳大利亚堪培拉
竣工时间：1988年
占地面积：320000平方米
建 筑 师：吉乌尔古拉

→ 著名建筑设计师吉乌尔古拉

　　澳大利亚国会大厦是在1988年澳大利亚建国200周年时建成启用的，之前政府在格里芬湖边曾经建有一个临时国会大厦，现已弃用。而由美国设计师吉乌尔古拉设计的新国会大厦，成为了澳大利亚国家议政办公之所。

　　为了与堪培拉特有的自然景观相融合，并配合城市规划，以及国会大厦特殊的民主意蕴，建筑师以"地景建筑"的处理手法，将国会大厦半隐在大片草坡之下，使建筑与大地融为一体，让人民得以站在国会殿堂顶上。

　　国会大厦的基地为方形，周边有8个网球场和几个小巧的花园，外围由两条公路所环绕。建筑师以两道呈")("状的弧墙，将国会大厦划分为左右两翼和中心三个区域，主入口、门厅、大厅位于中心区，左右两翼分别是众议院和参议院，由一条长长的走廊连接。

↑ 位于格里芬湖边，已经弃用的临时国会大厦。

↓ 澳大利亚国会大厦

两院的议事厅是国会大厦最有代表性的地方,其建筑形制和座位排列基本相同,都呈马蹄形,但规模和主色调皆有不同。参议院以澳大利亚北部和中部地区的赭红色为主色调,众议院则一改英国议会传统的绿色而用澳大利亚盛产的桉树叶的绿色,突出了澳大利亚特色。

↑ 澳大利亚参议院议事厅

　　大厦门厅十分宽敞,48根灰绿色的云石柱象征着澳洲特有的桉树林。二楼是举行国事招待活动的大厅。两道弧墙交汇处是一个中庭,中庭顶上有玻璃天窗覆盖,玻璃天窗上头矗立着一根高81米、重220吨的不锈钢旗杆,澳大利亚国旗就飘扬在国会山的最高处。

↓ 中庭顶上的玻璃天窗,澳大利亚的国旗就竖立其上。

　　国会大厦占地320000平方米,有4500多间房间和可容纳2000多辆汽车的停车场。地上建筑有6层,底层为停车场,圆形的花岗岩外墙与国会山的形状配合得天衣无缝。大厦周围绿树成荫,庭院和喷泉分列两侧。大厦的台阶前有一个半月形喷泉水池,水池两侧是造型别致的阶梯式叠水——水从大厦门前的平台下流出,沿着斜缓的坡度逐阶下跌,顺梯流淌,发出叮叮咚咚的清响。

　　国会大厦可以免费参观,除圣诞节外全年有350多天开放。平时导游会向参观者讲解会议的运作程序,游客坐在议员甚至总理的座位上,聆听讲解员的解说,有如身临其境。如果巧遇参众两院开会,参观者还可以坐在旁听席上听总理、部长们跟反对党辩论,但没有发言权,只能发出赞同的喝彩声或反对的斥责声。

澳大利亚联邦广场

Federation Square

地　　点：澳大利亚墨尔本
建造时间：1997—2002年
占地面积：3600000平方米
建　筑　师：Lab architecture studio（彼得·戴维森设计事务所）

　　联邦广场是整个墨尔本市新鲜活力的展示中心，作为一个市民文化活动中心，其露天的圆形剧场可容纳约35000人。周围的文化和商业建筑约44000平米，其中包括澳大利亚维多利亚国家艺术馆新馆（NGVA）、澳大利亚影像中心（ACMI），还有ACMI和SBS（澳大利亚民族电视台）的写字楼、工作室、画廊等，以及众多的饭店、咖啡馆、商铺等商业设施。所有这些都集中"陈列"在3600000平方米的土地上。

↓ 墨尔本市的联邦广场，外形诡异奇特，杂乱无章的几何构图，令人错以为是未完工或是随意搭建的积木造型。

11座建筑可以用诡异奇特来形容，杂乱无章的几何构图，突兀的外观让人错以为它们是未完工或者是随意搭建的积木造型。联邦广场正是以其抽象的超现实模式展现在世人面前，成为墨尔本市21世纪的新象征。

　　广场舞台：能够同时容纳15000人。广场的地砖艺术图案由澳洲著名的艺术家卡特·保罗采用意大利特有的红砂岩石创作而成。各色地砖看似自由，却很严谨地组织出广场之主轴。

　　国立美术馆（伊普特收藏馆）：由20个独立的分馆组成，分别是澳洲近现代美术史馆，澳洲土著民艺术馆，澳洲摄影史馆，现代艺术馆，现代时尚馆和时装设计馆等。

　　澳洲电影馆：从20世纪第一部电影诞生，到21世纪的数码电影，整个人类的电影史在这里尽情展现。

　　SBS媒体大厦：SBS广播电视公司是澳大利亚唯一用多种民族语言广播的传媒机构，是澳洲多元文化的象征。

　　BMW Edge表演厅：整个建筑物像一个不规则的巨型几何体，让人们产生无限遐想。内部设有音乐厅、剧场等，是由德国宝马汽车公司投资兴建的。

↑由玻璃、钢和锌材有机结合而建造的商业街样式的大厅一隅。

↑不同角度的澳大利亚联邦广场

第2章 北美洲之旅

美国、加拿大作为北美洲殖民文化的代表，国民几乎涵盖了世界各主要民族，他们为当地带来新的种族基因外，也带来了多元的文化。其中建筑风格受英国、法国、德国、西班牙等国外来文化以及北美洲各地区原有传统文化的影响较大。多种文化互相影响、互相融合，并且随着国家经济实力的逐步增强，适应各种新功能的建筑形式也纷纷出现，因此北美的建筑风格呈现出多元的、丰富多彩的国际化倾向。

美国国会大厦

United States Capitol

地　　点：美国华盛顿
建造时间：1793—1865年
占地面积：16000平方米
建 筑 师：大厦最初由威廉·索顿博士设计
建筑风格：罗马古典复兴

←建筑师威廉·索顿博士

最早的国会大厦是在1793年9月由美国第一任总统华盛顿亲自安放奠基石动工修建的，建成于1828年。遗憾的是在1812—1814年的英美战争中，国会大厦遭到重大破坏。19世纪中叶（1851—1865年），美国政府决定重建和扩建国会大厦，并由沃尔特负责，主要是增加了两翼建筑和中央大厅的穹顶。

重建后的国会大厦整体形制仿照希腊帕提侬神庙的造型，只是穹顶结构采用钢构架。圆弧的穹顶和平直两翼组合，外部轮廓线因此而更加丰富。建筑通过科林斯柱式和三角形山花而达到和谐统一，三层使用铸铁穹顶，以使其更加挺拔，将整座国会大厦映衬得更富有动感和生命力。

国会大厦本身南北长214米，东西宽107米，高88米，有540个房间和658扇窗户。大厦除极小一部分用砂岩砌建外，其余全是精美的大理石，具有新古典风格，整个建筑呈乳白色。以大理石为主建材的两翼分别为参议院和众议院；中心部分为圆形大厅、塑像馆及最早期的最高法院和参议院。

→ 国会大厦外观宏伟庄严，其独特的白色圆弧穹顶，尤令人印象深刻。

建筑与人文：
曲折的历程——出自业余建筑师之手的迟到的设计方案竟然中选

当时的国务卿杰斐逊起草了向全国发布的征集方案信，并宣布若设计方案被选用，将奖励500美元。离征稿截止日期只差6天的时候，征集委员会收到了一位年轻人请求稍微宽限几天的来信，等迟到的设计图到后，一经展现，便光彩夺目。它的作者就是威廉·索顿（William Thornton, 1759—1828年），一位多才多艺的医生、画家兼业余建筑师。他于1759年出生在西印度群岛，青年时代在法国巴黎求学，1787年移民美国。

职业建筑师哈利特的设计则获得了第二名，但由于威廉·索顿缺乏建筑施工经验，所以项目施工伊始就由哈利特主持。此后由于哈利特对索顿的设计改动较大，不久他的职位又由白宫设计师詹姆斯·霍本代替。

按照实际需要，国会大厦分步建造，首先完成南北两翼以保证众、参两院会议厅首先投入使用。1800年11月21日，参议院迁入大厦北翼。11月22日，整个国会迁入大厦，众、参两院议员在这座大厦中举行了首次众、参两院联席会议。1803年，一道木制拱廊连通了国会大厦南北两翼。1807年，国会大厦的南翼也完工了，106名众议员有了自己的专用议院。1812年英美战争爆发，国会大厦遭到重创，连接南北两翼的木拱廊完全被烧毁。幸好当夜一场大雨铺天盖地，才没使这座大厦完全化为废墟。1815年2月15日，国会拨款50万美元修复并且续建。由于大厦内部的木结构已被烧毁，修复者索性换以高档大理石。

19世纪中叶，美国版图得到扩展，人口增加，参、众两院议员也随之激增，分别达到62名和232名，国会大厦两端的会议厅又显得拥挤起来。1851年6月10日，米勒德·菲尔莫尔总统批准了费城出生的建筑师托马斯·沃尔特（Thomas Ustick Walter）递交的国会大厦扩建方案——扩建南北两端增大穹顶尺度，并将其内部改为金属结构，外部环以立柱。1857年，众议院一翼的建筑完成了，参议院扩建建筑于两年后完成。

居住在意大利的美国雕塑家托马斯·克劳福德（Thomas Crawford）被选中创作国会大厦中央圆顶上的铜雕——印第安自由女神。最初，雕塑家构思的铜像名字叫"武装的自由神"（Armed Liberty），所以为她设计了盔冠。雕像外模于1858年初步完成，费尽周折才于次年运到华盛顿。1863年12月2日夜晚，华盛顿人自发聚集起来，一同目睹近6米高的自由女神铜像被送上国会大厦的拱顶。这时，代表35个州的35门礼炮轰鸣起来，向在战争中宣告完工的国会大厦致敬。从此，国会大厦的外观基本上确立，并且保持到现在。

帝国大厦

Empire State Building

地　　点：美国纽约
建造时间：1929—1931年
占地面积：7800平方米
建　筑　师：Shreeve, Lamb, and Harmon 建筑公司
建筑风格：现代主义
评　　价：建筑历史学家威里斯说，帝国大厦一方面象征着美国工商业文化；另一方面也是纽约，甚至是全美国的永久地标。

　　纽约帝国大厦使用了当时最轻的建筑材料建造，建成于20世纪美国经济大萧条时期，成为美国经济复苏的象征。它曾是世界第一高楼和纽约的标志性建筑。如今虽然在高度上已略嫌逊色，但它仍然和自由女神一起，成为纽约永远的标志。

　　帝国大厦所占地段长130米，宽60米，建筑5层以下占满整个地段，从第六层开始收分，面积为70米×50米，30层以上再次收分，到第85层时，面积缩小到只有40米×24米。85层以上则是一个直径10米、高61米的圆塔，相当于17层的高度。因此它号称102层、总高381米，成为当时世界最高的建筑。该大厦总体积为96.4万立方米，有效使用面积为16万平方米。为解决垂直交通问题，安装了67部电梯。结构用钢约6万吨，投资6500万美元。建筑自重约30万吨，由于自身重量极大，安装完毕后钢骨架本身被压缩了15~18厘米。同时由于大厦很高，在大风中房屋摆动幅度达7.6厘米。但对建筑物安全和人的感官并不造成什么影响。

建筑与人文：

帝国大厦之最

帝国大厦于 1930 年 3 月 1 日开始设计，4 月 7 日竖立起第一根钢柱，9 月 22 日钢结构安装完毕，1931 年 5 月 1 日全部竣工交付使用，前后只花去一年零一个月的时间。钢骨架平均一天半完成一层，直至 20 世纪 70 年代，它的施工速度都堪称是最优秀的。大厦的施工之所以能如此高速，这和它的钢构件制作精确、施工组织严谨是分不开的。钢构件由新泽西州运到工地，不需转运就可直接按编号用起重机吊放到设计部位上去，并且从未因施工原因影响过曼哈顿繁忙的交通。

曾经的沧桑

1945 年 7 月 28 日，一架 B25 型轰炸机在雾中迷失方向，以 320 千米/时的速度撞到大厦北部第 79 层。大楼在晃动了几下之后，居然没有倒，只是大火从第 79 层一直蔓延到第 86 层，造成 13 人死亡和 26 人受伤。事后花了 100 万美元才将大厦修复。

自 1964 年起，大厦上面 30 层的外表全部用彩灯装饰，通宵闪亮。大厦上的第一盏灯原是一架探照灯，当年安装的目的是让 80 千米外的公众能知道富兰克林·罗斯福当选了总统。1956 年，被称为"自由之光"的旋转灯安装到大厦顶部。1984 年，自动变色灯装上了大厦顶层，灯光的表现力更加丰富多彩。

从 1978 年起，每年人们都要在这里举行一次爬楼梯比赛。参加者从第一层登至第 86 层，共 1574 级台阶。

2001 年"9·11"事件发生后，人们曾一度担心帝国大厦是否会成为恐怖袭击的下一个目标。不过，在经历了短暂的关闭之后，帝国大厦第 86 层的观景平台终于重新对公众开放，只不过为了防止有人从这里跳楼，观景台周围的防护铁栏又进一步进行了加固。观景平台位于大楼 1050 英尺处（约 320 米），从这里可看到纽约市全貌。

2006 年 5 月 1 日，帝国大厦度过了它的 75 岁"生日"，当天晚上，镶嵌在大厦顶部的彩灯，照耀着曼哈顿岛的夜空。

2007 年，帝国大厦遭受雷击。当时风速高达 115 千米/时，附近中央公园的降雨量达到 25 毫米。但雷击并未对高达 448 米的帝国大厦造成损害。帝国大厦顶端的避雷针每年都要遭受约 100 次雷击。

虽然帝国大厦早已失去全球最高大楼的美誉，但在很多人心目中，它的崇高地位是无可取代的，因为这座充满传奇的建筑物见证了美国的兴衰。

↓ 从帝国大厦鸟瞰纽约的风光

流水别墅

Fallingwater

地　　点：美国宾夕法尼亚州
竣工时间：1936年
建筑面积：400平方米
建　筑　师：弗兰克·劳埃德·赖特
建筑风格：有机建筑

→ 伟大的建筑师——赖特

　　流水别墅的造型，采用的仍是赖特惯用的水平穿插、横竖对比的手法，不过这种手法在这座建筑中又有新的发展。早期"草原式"住宅那种平缓的坡屋顶和深远的挑檐已经不见，取而代之的是两层凌空悬挑的大平台，而那不受拘束的纵横交错的几片石墙，给人一种灵活而又稳重的动感。两片高耸的片石墙从后面向前挺伸，使那些错动欲飞的杏黄色挑台被紧紧"钉"在山谷中峥嵘的岩石上面，溪水从挑台下面怡然而出，建筑、溪水、山石、树木和谐地交融在一起，别墅就像是由地下生长出来似的。建筑共三层，以二层（主入口层）的起居室为中心，其余房间向左右铺展开来。

↑ 流水别墅平面图

← 飞架于熊跑溪之上的流水别墅依山而建，体现了人文与自然的完美结合，它不仅是赖特毕生的经典，也是人类建筑史上的一朵奇葩。

别墅的室内空间处理也堪称典范。室内空间自由延伸，相互穿插；内外空间互相交融，浑然一体。不同凡响的室内布局使人犹如进入一个梦境：去往巨大的起居室的过程，如同经常出现在赖特作品中的特色一样，必然先通过一段狭小、昏暗、有顶盖的门廊，然后踏上反方向上的主楼梯，透过那些粗犷而透孔的石壁，右手边是直通的空间，而左手边便可进入起居室的二层。赖特对自然光线的巧妙掌握，使内部空间充满了生机，光线流动于起居室的东、南、西三侧，最明亮的部分光线从天窗倾泻下，一直通往建筑物下方溪流崖隙的楼梯，东、西、北侧呈围合状空间，光线相形之下则较暗，岩石铺陈的地板上隐约可见它们的倒影，流布在起居室空间之中。从北侧及山崖反射进来的光线和反射在楼梯的光线显示出朦胧梦幻般的柔美。在心理上，这个起居室空间的气氛，随着光线的明度变化而显现出多样的风采。别墅内部大多数地面都是由自然石板铺成，起居室壁炉前还保留着一块原生的岩石，使室内呈现一派原始洞穴的情调，而那些现代化的陈设和装修又给人们营造了舒适的氛围。

流水别墅在空间的处理、体量的组合及与环境的结合上均取得了极大的成功，为有机建筑理论作了确切的注释，在现代建筑史上占有重要地位。

建筑与人文：
建造过程

1934年，美国富商考夫曼结识了赖特，由于志趣相投成为挚友。当年12月，考夫曼邀请赖特到匹兹堡东南郊的熊跑溪去商谈建造一座周末别墅的事宜，别墅的基址选在溪流上游，远离公路并有密林环绕，环境十分清幽。此后，赖特给考夫曼回信说，他对那次踏勘现场的印象非常难忘，并在头脑中出现了一个与溪水的音乐感相匹配的别墅的模糊印象，希望考夫曼能提供一份把每块大石头和直径15厘米以上的树木都标识清楚的地形图。

1935年3月，地图应约送至设计事务所，而赖特却一直到8月底还没有动一笔。在考夫曼的一再催促下，赖特在9月的一天画了第一张设计草图，实际只用了15分钟左右的时间。通常，大师喜欢他的助手和学生看着自己画图，这次他却希望单独一人进行创作。第二天早晨，当学生们开始用早餐的时候，看到了大师桌上的草图。

赖特描述这个别墅是山溪旁的一个峭壁的延伸，生活空间靠着几层平台而凌空在溪水之上，一位珍爱着这个地方的人就在这个平台上，他沉浸在瀑布的响声里享受着生活的乐趣。大师将这幢别墅取名为"流水别墅"。

1936年1月，流水别墅的施工图完成。2月，考夫曼请来匹兹堡的工程师检查地基是否能承受建筑的集中荷载。谁知工程师们对结构提出了否定性疑问，并提出了多达38条的意见。赖特对此报告大为不满，甚至要求考夫曼归还他的图纸，因为考夫曼不配得到这幢别墅。结果是考夫曼表示了歉意并按照赖特的意见动工兴建流水别墅。施工期间，大师四次到现场监督，多次与工程师发生争执，不过结果总是使建筑与结构协调得更妥贴。

　　1937年秋，底层直接临水的流水别墅全部建成，造价从原来的35000美金飚升到75000美金。正是由于考夫曼的富有与鉴赏力，赖特才得以将流水别墅琢磨成了建筑艺术精品。1938年1月，以《赖特在熊跑溪的新住宅》为题的摄影展正式举行，各种建筑杂志争相向公众介绍流水别墅，经过媒体的大量宣传与报道，这幢别墅成为美国近代建筑史上的经典之作。

　　1963年，考夫曼的儿子将流水别墅捐献给匹兹堡西宾夕法尼亚州保护局。捐献仪式上，小考夫曼以这样的语句表达了他的心情：流水别墅是一件人类为自身所做的作品，不是一个人为另一个人所做的，它是一个公众的财富，而不是私人拥有的珍品。截止到1988年，参观流水别墅的访问者总数超过100万。

　　回顾流水别墅的整个设计建造过程，我们发现这样的事实：现代意义上的山水别墅并不是为了满足一种自给自足的生活而与城市生活相隔离，而是为了与城市生活取得一种对立上的均衡，并在此基础上求得一种与城市生活的兼容。

有机建筑

　　有机建筑是现代建筑运动中的一个派别，代表人物是美国建筑师赖特。这个流派认为每一种生物所具有的特殊外貌，是它能够生存于世的内在因素决定的。同样，每个建筑的形式、它的构成以及与之有关的各种问题的解决，都要依据各自的内在因素来思考，力求合情合理。

　　这种思想的核心是"道法自然"，就是要求依照大自然所启示的道理行事，而不是模仿自然。自然界是有机的，因而取名为"有机建筑"。

联合国总部

United Nations headquarters

地　　点：美国纽约
竣工时间：1952年
建筑面积：75000平方米
建 筑 师：设计主任由美国建筑师沃利斯·哈里森担任。同时成立了由澳大利亚、比利时、巴西、加拿大、瑞士、瑞典、乌拉圭、英国、苏联、中国十国组成的国际顾问委员会。梁思成先生代表中国出任设计顾问委员会成员。最终通过了以法国建筑师勒·柯布西耶方案为基础的最后方案。
建筑风格：国际主义风格

联合国总部是由秘书处大厦、联合国大会堂、会议大厦和1961年增建的达格·哈马舍尔德图书馆四栋建筑组成。在整个建筑群中，大会堂本应成为主体建筑，但显然高耸的秘书处大楼在最后成为了联合国总部的标志。

联合国总部秘书处大厦共39层，高166米，面宽87.5米，进深22米，面积约75000平方米。其外立面除南北山墙贴大理石外，其余皆为隔热玻璃推拉窗。为了保持建筑物顶部轮廓的整齐，不使凸出于屋顶的机房、水箱外露，于建筑物顶部四周做了透空花格墙。秘书处大楼直板平整，就生命力而言，似乎并没有太多的表现形式，但就造型体现出的内涵而言，却流露出了极为"现代"、"前卫"、"高科技"的精神。大厦的三层地下层，设有大小会议厅、电影、电视、邮电、卖店、收发、问讯、记录、机械、机修、车库等服务用房。

与秘书处大楼笔直干练的形象形成鲜明对比，大会堂采用半球体，屋面线条流畅，又极富动感，淡化了旁边板楼的呆滞感。大会堂有2155个座位，其中代表席820座，每一会员国有5个座位。主席团、观察员及工作人员285席，记者816席，公众旁听234席。大厦还有一个720座的地下会议厅，设有五种语言的同声传译。

联合国总部大厦前方，面对马路有一块名为联合国广场的狭小空地（其下是汽车库），大会堂的代表入口及秘书处正门开向此处，广场南端是代表及工作人员入口。

建筑与人文：

建筑背景

联合国总部大楼坐落在纽约市曼哈顿区东侧的东河河畔，占地72900平方米。说到联合国大楼的起源，还有一段被地产界传为佳话的故事。

20世纪40年代中期，联合国刚刚建立，既没有自己的办公机关，也没钱兴建总部大楼。不知是出于义举还是看到了商机，美国著名财团洛克菲勒家族以850万美元收购了曼哈顿东河的一块地皮，然后以象征性的1美元价格卖给联合国兴建总部大楼。

当时曾有人预言，洛氏家族如此出资，将会因无力投资发展而破产。但短短几年过后，联合国大楼的投入使用带动了周边地价的迅速上升，滚滚财源流进洛氏家族。与联合国大楼几个街区之隔的洛克菲勒中心，更是成了洛氏家族的印钞机。

联合国的成立

联合国从酝酿到成立经历了数年时间。1942年1月1日，正在对德、日、意法西斯作战的中、美、英、苏等26国代表在华盛顿发表了《联合国宣言》，强调应在打败共同敌人后建立一个拥有广泛普遍安全制度的世界秩序，并第一次采用"联合国"一词。1943年10月30日，中、美、英、苏4国在莫斯科发表《普遍安全宣言》，提出尽快建立一个广泛性的国际组织。1944年8月至10月，苏、英、美3国和中、英、美3国先后在华盛顿橡树园举行会谈，讨论并拟订了战后建立国际组织的建议案。1945年2月，苏、美、英在雅尔塔举行会议，就安全理事会的五大常任理事国一致原则达成协议。4月25日，"联合国国际组织会议"在美国旧金山开幕，包括中国在内的50个国家的280多名代表出席大会。6月25日，与会代表一致通过并签署了《联合国宪章》。同年10月24日，《联合国宪章》在得到多数签字国批准后开始生效，联合国(United Nations)宣布正式成立，51个签字国（波兰后补签）成为联合国创始会员国。1947年10月31日，联合国大会通过决议，确定每年的10月24日为联合国日。

联合国宪章共分19章111条，充分表达了使人类不再遭受战祸的决心，规定了联合国的宗旨、原则、权利、义务及主要机构职权范围等。宪章规定：联合国的宗旨是"维护国际和平及安全"、"制止侵略行为"、"发展国际间以尊重各国人民平等权利自决原则为基础的友好关系"和"促成国际合作"等；它还规定联合国及其成员国应遵循各国主权平等、各国以和平方式解决国际争端、在国际关系中不使用武力或武力威胁以及联合国不得干涉各国内政等原则。

中国在1945年派代表团出席了旧金山会议，中国共产党的代表董必武参加了代表团，并在《联合国宪章》上签了字。1971年10月25日，联合国大会通过2758（XXVI）号决议，决定"恢复中华人民共和国的一切权利，承认它的政府代表为中国在联合国组织的唯一合法代表，并立即把蒋介石的代表从它在联合国组织及其所属一切机构中所非法占据的席位上驱逐出去"。

几十年来，联合国历经国际风云变幻，在曲折的道路上成长壮大，为人类的和平与繁荣做出了重要贡献。截至2005年4月，联合国的会员国已由创建时的51个增加到191个。联合国已成为当代由主权国家组成的最具普遍性和权威性的政府间国际组织。

联合国机构通过两种方式取得经费：成员国的会费与捐款。各国的会费主要是依照各国的经济实力以及其他一些因素来决定的。由经常性预算、维和费用和国际法院费用三部分组成。

联合国大会确立的原则是，联合国不应该在经费上过度依赖任何国家。为此每财政年度联合国的会费设有"封顶"价格，规定各成员国所付会费的最高价。

联合国总部为周恩来降半旗

1976年1月8日，周恩来总理逝世时，设在美国纽约的联合国总部门前的联合国旗降了半旗，这是非常罕见的事。自1945年联合国成立以来，世界上有许多国家的元首先后去世，联合国还从没有为谁降过半旗。

一些国家感到不平了，他们的外交官聚集在联合国大门前的广场上，言辞激烈地向联合国总部发出质问：我们国家元首去世，联合国的大旗升得那么高，中国的总理去世，为什么要为他降半旗呢？

→ 联合国第一次为一个国家的领导人降半旗。

当时的联合国秘书长瓦尔德海姆站出来，就在联合国大厦门前的台阶上发表了一次极短的演讲，总共不过一分钟。

他说："为了悼念周恩来，联合国降半旗，这是我决定的，原因有二：一是，中国是一个文明古国，她的金银财宝多得不计其数，她使用的人民币多得我们数不过来，可是她的周总理没有一分钱存款！二是，中国有10亿人口，占世界人口的1/4，可是她的周总理没有一个孩子。你们任何国家的元首，如果能做到其中一条，在他逝世之日，总部将照样为他降半旗。"

说完，他转身就走，广场上的外交官们个个哑口无言，随后响起雷鸣般的掌声。瓦尔德海姆机敏而锋利的谈吐，不仅表现了他机智无比的外交才能，同时也反映了我们敬爱的周总理的高尚品格是举世无双的。

西格拉姆大厦

Seagram Building

地　　点：美国 纽约
建造时间：1954—1958年
建 筑 师：密斯·凡·德·罗和菲利浦·约翰逊（德裔）
建筑风格：国际主义风格

　　第二次世界大战后的50年代，讲究技术精美的理念在西方建筑界占有主导地位，而人们又把密斯追求纯净、透明和施工精确的"钢铁玻璃盒子"作为这种理念的代表，西格拉姆大厦正是这种理念的典范。

　　建筑完全是一个巨大的黑色长方形玻璃盒子，精炼得没有一丝多余的建筑元素。钢构件采用造价昂贵的黑色青铜，一垂到底、质感强烈。大厦主体建筑为38层，高158米，它从街道边线退后27米，在前面留出一片带水池的小花园。建筑物的柱网很整齐，正面5间，侧面3间，柱距一律8.4米。首层层高7.2米，上面各层一律2.7米。首层外墙向里缩进，形成三面柱廊。顶层为设备层，外观稍有变化，除此之外，每个开间都是6个窗子，玻璃和窗下墙的尺寸也完全相同，直上直下，了无变化，外形极为简单。

　　在密斯设计的许多钢结构建筑上，曾在窗棂的外皮贴上工字断面的型钢，一方面是为了增加墙面的凸凹感，加强构图的垂直感；另一方面是为了象征性地显示钢结构。因为在高层建筑上，由于防火的需要，真正的承重钢结构都用混凝土包裹起来，看不见了。通常的做法是在防火层的外边再贴金属材料。西格拉姆大厦外表上的金属部分既不是钢也不是铝，而是铜。采用这种古已有之的色调温暖的金属材料，使西格拉姆大厦在众多钢或铝的高层建筑之中显得格调高雅，与众不同。而且由于采用了当时刚刚发明的大染色隔热玻璃，占外墙面75%的琥珀色幕墙玻璃，配以钢窗格，使得这座大厦显得气度非凡、典雅别致。

建筑与人文：
设计背景

提起美国著名的建筑师密斯·凡·德·罗，我们就会想起西格姆大厦，提起西格拉姆大厦，我们就会想起范斯沃斯住宅。这些建筑不但体现了这位建筑师一贯的主张：一方面是净化建造形式，使之成为不具有任何多余东西，只是由直线、直角、长方形与长方体组成的几何型构图。使之产生没有屏障可供自由划分的大空间，也就是"少就是多"的建筑原理。另一方面，精确与严谨的施工，选材与对材料颜色、质感与纹路的精心暴露，使造型显得更加明晰、精致、纯净与高贵，具有百看不厌的形式美，而且开创了人类用玻璃做幕墙的先例。说起这些事情，就不得不提建筑史上那个有趣的故事。

↑ 夜色中的西格拉姆大厦

密斯·凡·德·罗

现代建筑大师。1886年3月27日生于德国亚琛。未受过正规的建筑训练，幼年跟随其父学石工，对材料的性质和施工技艺有所认识，又通过绘制装饰大样掌握了绘图技巧。21岁时设计了第一件作品，以其娴熟的处理手法引起当时德国最著名的建筑师贝伦斯的注目，于1908年进入贝伦斯事务所任职。1919年开始在柏林从事建筑设计，1926—1932年任德意志制造联盟第一副主任，1930—1933年任德国公立包豪斯学校校长。1937年移居美国，1938—1958年任芝加哥阿莫尔学院（后改名伊利诺理工学院）建筑系主任。

密斯·凡·德·罗的贡献在于通过对钢框架结构和玻璃在建筑中应用的探索，发展了一种具有古典式的均衡和极端简洁的风格。其作品特点是整洁和骨架几乎露明的外观，灵活多变的流动空间以及简练而制作精致的细节。1928年提出的"少就是多"集中反映了他的建筑观点和艺术特色。

密斯·凡·德·罗的代表作品有西班牙巴塞罗那博览会德国馆，在这里实现了他的技术与文化融合的理想，这是一件现代主义建筑的精品。他的代表作品还有：美国伊利诺理工学院建筑及设计系馆（1956年）、纽约西格拉姆大厦（1956—1958年，与菲利普·约翰逊合作）、朗格住宅、湖滨公寓、西柏林新国家美术馆等，其中纽约西格拉姆大厦堪称国际式风格的顶峰。

那是1950年，女医生范斯沃斯聘请密斯为她设计一座小住宅，这座面积不到200平方米的建筑物后来在建筑史上名声大噪。这座小屋是建筑界第一个用玻璃做幕墙的房子，建成后显得晶莹夺目，艳丽非凡，仿若一座"水晶宫"。

→绿树掩映下的"水晶宫"

←无可比拟的透明性让这房子魅力独具

↓暖融融的灯光还是无法抵御窗外的寒气

可惜的是，这种玻璃透明有余，隔热不行，夏季骄阳晒得女医生热汗淋漓，冬天的寒气又透过玻璃冻得她直打寒颤，晴天强烈的阳光刺得她目眩难忍，不久就生起病来。另外，这样透明的房子让独身女性深感不便，造价还比原计划超出了85%，所以她向法院提出了控诉。

站在被告席上的密斯不得不为自己的想法尽力辩解，在座的听众无不被他精辟的论断所感染："……当我们徘徊于古老传统时，我们将永远不能超出那古老的框子，特别是我们物质高度发展和城市繁荣的今天，就会对房子有较高的要求，尤其是空间的结构和用材的选择。首先就是要求把建筑物的功能作为建筑物设计的出发点，空间内部的开放和灵活，对现代人的工作学习和生活非常重要……这座房子有如此多的缺点，我只能说声对不起了，愿承担一切损失。"众人被他诚实的态度感动了，这位医生也不例外，最后她主动要求撤诉，这场官司就这样不了了之。

由于这场风波，再没有人敢冒这样大的风险来请密斯，因为人们不需要可看而不可"住"的房子。但不甘失败的密斯，下了一番苦功，最终找到了一种染色玻璃来代替原来的无色玻璃。经过不断努力和宣传，1952年他终于再次设计和建造了一幢38层的玻璃幕墙高层大厦——美国纽约的西格拉姆大厦。

古根海姆美术馆

the Solomon R. Guggenheim Museum

地　　点：美国纽约
建造时间：1952—1959年
建 筑 师：弗兰克·劳埃德·赖特
建筑风格：现代主义建筑

　　古根海姆美术馆在纽约第五街一块 50 米×70 米的地段上，赖特设计了这座反常的作品：一朵神奇的大蘑菇从这条街的建筑森林中冒出地面。整座建筑外观简洁，呈白色，螺旋形混凝土结构，与传统博物馆建筑风格迥然不同。

　　美术馆由四层的办公楼与六层的陈列空间以及地下的报告厅组成。陈列空间是一个圆形大厅，直径 30.5 米，上面各"层"实际上是长 431 米的螺旋形坡道展览廊，环绕大厅盘旋而上，底层坡道宽约 5 米，直径 28 米左右，以上逐渐向外加大直径，到顶层直径 39 米，坡道宽约 10 米，可同时容纳 1500 人参观。人们进入大厅乘半圆形的电梯直登顶层，然后沿螺旋坡道向下参观，参观路线共长 430 米。这座建筑的空间处理不同于一般隔断的陈列空间，而是用连续的坡道自然地连接了每一展段。

　　1969 年又增加了一座长方形的 3 层辅助性建筑，1990 年古根海姆美术馆再次增建了一个矩形的附属建筑，形成今天的样子。

　　建筑师赖特多年来一直探求以一条三维的螺旋形结构，而非圆形平面的结构来包容一个空间，使人们真正体验空间中的运动。他认为人们沿着螺旋形坡道走动时，周围的空间才是连续的、渐变的，而不是片断的、折叠的。

→ 古根海姆博物馆(局部)，螺旋形的结构让整座建筑充满动感。

建筑与人文：

连锁式博物馆

纽约古根海姆博物馆已经成为国际顶级"连锁式博物馆"。古根海姆有一个雄心勃勃的计划，那就是在全世界推销古根海姆这个品牌，并为此组织了专门的理事会。作为世界上具有相当影响力的艺术展馆，古根海姆博物馆从未停止过向全球寻求地域性扩张的步伐。目前它正在以惊人的速度在世界各地筹建连锁。它们分别是：纽约古根海姆博物馆，全称所罗门·R·古根海姆博物馆，是古根海姆美术馆群的总部，由美国20世纪最著名的建筑师弗兰克·劳埃德·赖特设计；西班牙毕尔巴鄂古根海姆博物馆，由美国加州建筑师弗兰克·盖里设计；立陶宛古根海姆博物馆，它是扎哈·哈迪德的作品。香港也拟建古根海姆博物馆。加拿大建筑师弗兰克·盖里将负责设计位于阿拉伯联合酋长国首都阿布扎比的古根海姆当代艺术馆，此馆将于2011年建成。

弗兰克·劳埃德·赖特

弗兰克·劳埃德·赖特是20世纪美国最重要的一位建筑师，在世界上享有盛誉。他设计的许多建筑受到普遍的赞扬，是现代建筑中的瑰宝，本书前述的流水别墅即出自其手。赖特对现代建筑风格影响甚深，但是他的建筑思想相当独特，和欧洲新建运动的代表人物有着明显的差别。

赖特于1869年出生在美国威斯康星州，他原本在大学中原来学习土木工程，后来转而从事建筑。他从19世纪80年代后期就开始在芝加哥从事建筑活动，曾经在当时芝加哥学派建筑师沙利文等诸多的建筑事务所中工作过。赖特开始工作的时候，正是美国工业蓬勃发展，城市人口急速增加的时期。19世纪末的芝加哥是现代摩天楼的诞生之地，但是赖特对现代大城市持批判态度，他很少设计大城市里的摩天楼。赖特对于建筑工业化不感兴趣，他一生中设计最多的建筑类型是别墅和小住宅。

从19世纪末到20世纪最初的十年，赖特在美国中西部的威斯康星州、伊利诺伊州和密歇根州等地设计了许多小住宅和别墅。这些住宅大都属于中产阶级，坐落在郊外，用地宽阔，环境优美。材料是传统的砖、木和石头，有出檐很大的坡屋顶。在这类建筑中赖特逐渐形成了一些特色的建筑处理手法。

赖特这个时期设计的住宅既有美国民间建筑的传统，又突破了封闭性。它适合于美国中西部草原地带的气候和地广人稀的特点，赖特这一时期设计的住宅建筑被称为"草原住宅"，虽然它们并不一定建造在大草原上。

赖特的青年时代在19世纪渡过，那是惠特曼和马克·吐温的时代。赖特的祖父和父辈在威斯康星州的山谷中耕种土地，他在农庄长大，对农村和大自然有着深厚的感情。他的"塔里埃森"就建造在祖传的土地上，他在80岁的时候谈到这一点还兴奋地说："在塔里埃森，我这第三代人又回到了土地上，在那块土地上创造和发展美好的事物。"话语中对祖辈和土地的眷恋之情溢于言表。

←赖特在塔里埃森的工作室中　　↑赖特的塔里埃森

他总是对他的学生说："你们应当了解大自然、热爱大自然、亲近大自然，它永远都不会亏待你的。"赖特作品也反映了对社会和人们需要的一种本能关注和对自然的追求。

在建筑艺术范围内，赖特确有其独特之处，他比别人更早地解决了盒子式的建筑。他的建筑空间灵活多样，既有内外空间的交融流通，同时又具有安静隐蔽的特色。他既运用新材料和新结构，又始终重视和发挥传统建筑材料的优点，并善于把两者结合起来。同自然环境的紧密配合则是他建筑作品的最大特色。赖特的建筑使人觉着亲切而有深度，不像勒·柯布西耶那样严峻而乖张。

在赖特的手中，小住宅和别墅这些历史悠久的建筑类型变得愈加丰富多彩，他把这些建筑类型提到了一个新水平。

赖特被称为"20世纪建筑界的一个浪漫主义者和田园诗人"。

1959年，赖特以90岁的高龄离开人世。

古根海姆基金会

古根海姆基金会成立于1925年，是美国最重要的基金会之一，所颁研究基金历来被认为是美国文化艺术界和学术界荣誉极高的奖项。评奖的标准是申请人以往的学术成就和所提交的研究项目的潜在文化学术意义。奖项分为以下几类：（1）文学艺术创作；（2）人文学科；（3）社会科学；（4）自然科学。

纽约世界贸易中心

Twin Towers, New York World Trade Center

地　　点：美国纽约
竣工时间：1973年
建 筑 师：雅马萨奇Minoru Yamasaki（美籍日裔，日本名为山崎实）
建筑风格：典雅主义
结构形式：钢结构

　　纽约世界贸易中心是由6幢建筑组成的建筑群，包括一座海关大楼、一座饭店、两座专供重要的政府贸易机构使用以及国际商品占用的9层大楼和两座主要建筑——高411.5米的110层塔楼。这两幢塔楼每幢面积达466000平方米，两幢塔楼面积合计有93万多平方米。

　　世界贸易中心摩天楼采用钢框架套筒体系，9层以下承重外柱间距为3米，9层以上外柱间距为1米，标准层窗宽约0.55米，核心部位为电梯井，每座楼内设电梯108部。在第44层和78层设有银行、邮局和公共食堂等服务设施。第107层是瞭望层，可通过两部自动扶梯到110层屋顶。地下一层为综合商场，地下二层为地铁车站，地下其他4层为地下车库，可停放汽车2000辆。

　　双子大楼高宽比为7∶1，由密集的钢柱组成，钢柱间的中心距离只有1米多，所以窗都是细长形，身在室内没有大玻璃造成的恐惧感。密密的钢柱围合起来构成巨大的方形管筒，中心部位也是钢结构，内含电梯、楼梯、设备管道和服务间。两座塔楼都能提供75%的无柱出租空间，大大超过一般高层建筑的使用率，当时被誉为世界上最大的室内空间。

　　大厦采用外墙面承重结构，并将承重的钢柱加以铝皮贴饰。每根铝柱从底层向上延伸，到第九层的时候，突然分裂成三根并相互交叉形成哥特式的尖拱，然后再一直向上延伸到顶部。这样就形成了一个密集的纵向柱梁网，使建筑外部形象更加流畅。

　　世界贸易中心不仅提供大面积的写字楼，而且是纽约曼哈顿地区最大的室内商场，里面有很多家专卖店和快餐厅，还有各种规格的会议室、贸易展销厅、艺术展览馆、学术研讨厅等功能齐全的场所。

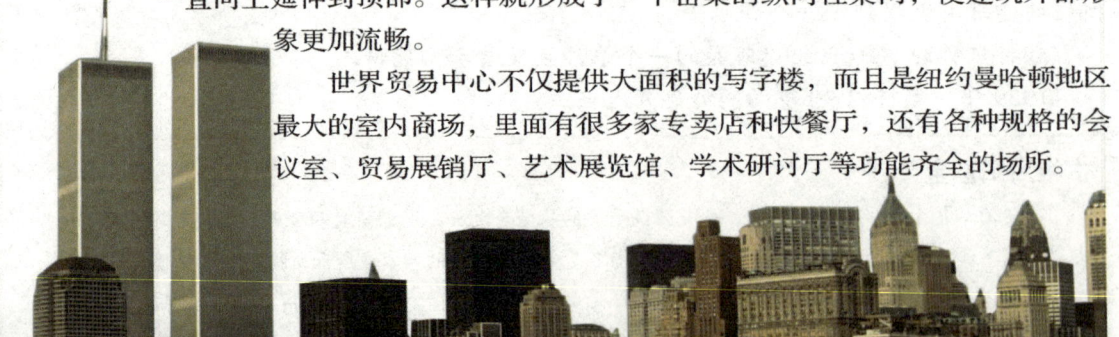

建筑与人文：

世贸中心的诞生

"对于我，建筑不是一种生活方式，它是我的生命。"——雅马萨奇

美国建筑师雅马萨奇1912年出生于美国西北部海港城市西雅图，他的父母是从日本来到美国的移民。他的名字对有些读者来说可能有点陌生。他的名声比不上那几位著名大师，而且在西方建筑界也不如埃罗·沙里宁、路易斯·康等他的同辈人那样响亮。

1962年的一天，雅马萨奇收到纽约-新泽西港务的一封信，问他是否愿意承担一次建筑任务，其投资额为2.8亿美元。雅马萨奇认为数额过大，怀疑是多写了一个"0"。事实上港务局物色建筑设计人员是很谨慎的，他们对40多家建筑师事务所作了深入的调查，最后才决定聘请雅马萨奇担任世界贸易中心总设计师。

雅马萨奇事务所用了一年时间进行调查研究和准备方案。前后共提出100多个方案，雅马萨奇说他们做到第40个时方案已经成熟，其后60多个方案是为了验证和比较而做的。

世贸中心大事记

1962—1977年世界贸易中心从设计到施工完成，包括办公大楼与一间饭店，最初可容纳450家公司、5万名工作人员。

1974年8月7日，菲力普·派堤在两栋大楼间表演空中走钢索，花了一个小时跨越世贸中心两栋塔楼，之后遭逮捕入狱。最后菲力普只能在中央公园为小朋友进行表演。

1977年5月，乔治·威廉用自己设计的绳索攀登摩天大厦，被判赔偿25万美元，但是最后仅赔了1.1美元。

1993年2月26日，21号大楼地下室被恐怖分子袭击，伊斯兰激进分子在地下室放置炸弹，导致6人死亡，约有1000人受伤，放在顶楼餐厅中价值200万美元的上等葡萄酒被炸碎，香浓的酒浆沿着大楼四溢。后来这些恐怖分子都被判处240年的徒刑。

美国东部时间2001年9月11日，一架从波士顿飞往洛杉矶的波音767飞机，载有92名乘客，遭到恐怖分子劫持，于上午8点45分冲向纽约世贸中心大厦的北楼，撞进第94~98楼层，顿时燃起大火，浓烟滚滚。18分钟后，另一架被劫持的波音767飞机，载有65名乘客，又撞向世贸中心大厦南楼的第78~84楼层，立即爆炸起火。遭受恐怖袭击后，南楼在受袭56分钟后先塌毁，北楼在102分钟后坍塌。除此之外，世贸中心附近5幢建筑物也因受震而坍塌损毁。

新世贸中心

自2001年9月11日，拥有7座大楼的世贸中心被撞坍塌后，重建世贸中心、重塑曼哈顿便被提上议事日程。然而由于世贸中心被赋予了太多的政治和情感因素，其意义早已超出了单纯的工程设计与市政规划，所以和世贸中心有关的设计方案经历种种曲折方才确定。

在1号楼自由塔的设计方案终于启动后，另外3座主体建筑的设计方案也终于在2007年9月6日公布。这3座建筑分别由3位普利策奖得主领衔设计，和自由塔彼此呼应。

这次公布方案的3座主建筑分别是2、3、4号楼，它们将和1号楼自由塔、5号楼摩根大通银行总部、"9.11"纪念馆一起组成新世贸中心。2号楼由72岁的英国建筑师诺曼·福斯特爵士设计，3号楼由73岁的英国建筑师理查德·罗杰斯设计，4号楼由79岁的日本建筑师桢文彦设计。3幢楼和自由塔各有特色，并彼此呼应，以自由塔为起点，沿顺时针方向，高度依次递减。建筑群的天际弧线最后落在"9.11"纪念馆。开发商拉里·西尔维斯坦对此十分得意，因为建筑界一向是自扫门前雪，客气地保持门户界限，此番3位大师联手作战，在建筑界是绝无仅有的。

2号楼高79层，坐落于格林威治大街200号，紧邻自由塔，建成后将是纽约的第二高楼。大楼由4座柱状建筑构成，就像4支直立的长玻璃管。每支"玻璃管"从不同的楼面开始向上倾斜，4座楼顶坡面恰好处在一个斜面上，就像4颗钻石按同样的角度，被一刀切下。切面朝向"9.11"纪念馆，表达纪念之意。大楼外墙全部采用玻璃，一到晚间，楼体熠熠生辉。此举象征着，在黑夜中希望依然存在，意喻纽约市民走出"9.11"阴影，走向新生活。"钻石"是2号楼的设计亮点，更巧妙的是，平日在阳光照射下，大楼会向不远处的"9.11"纪念馆投下阴影，而经过精密计算，每年的9月11日，阴影都不会投在纪念馆上。

3号楼高71层，坐落于格林威治大街175号，垂直于"9.11"纪念馆的两个水池，是商业中心。3号楼的外表无奇，敦实的基座向外凸出，朝向纪念馆。主楼比基座"纤细"许多，像是跨在基座之上。罗杰斯这样评价自己的作品："这座透明简洁的建筑既符合建筑美学，也契合当地的社会内涵。"

4号楼位于格林威治大街150号，是3幢楼中最矮小的，只有64层。它延续了日本建筑师桢文彦一贯的端庄雅致与极简主义的风格，粗看就是一个标准长方体，不过其外表全用多层的合成玻璃覆盖，呈现出一种金属光辉，表现出日本建筑特有的简约、内敛。

→ 在2001年9月11日的恐怖袭击当中，高达400米的世贸大厦双子塔在短短的102分钟内便双双倒塌，有3000多人在这次灾难中罹难或失踪。

美国国家美术馆东馆

Eastwing of National Gallery, Washington DC

地　　点：美国华盛顿
竣工时间：1978年
占地面积：36400平方米
建 筑 师：贝聿铭
建筑风格：有机功能主义
评　　价：美国前总统卡特称赞说："这座建筑物不仅是首都华盛顿和谐而周全的一部分，而且是公众生活与艺术之间日益增强联系的艺术象征。"

布局：东馆位于一块梯形地段上，东望国会大厦，南邻林荫广场，北面斜靠宾夕法尼亚大道，西隔100余米正对西馆东翼。附近多是古典风格的重要公共建筑。贝聿铭用一条对角线把梯形分成两个三角形。西北部面积较大，是等腰三角形，底边朝西馆，以这部分作展览馆。三个角上凸起断面为平行四边形的四棱柱体。东南部是直角三角形，为研究中心和行政管理机构用房。对角线上筑实墙，两部分只在第四层相通。这种划分既使两大部分在体形上有明显的区别，又使之成为一个整体。

入口：展览馆和研究中心的入口都安排在西面一个长方形凹框中。展览馆入口宽阔醒目，它的中轴线在西馆的东西轴线的延长线上，加强了两者的联系。研究中心的入口偏处一隅，不引人注目。划分这两个入口的是一个棱边朝外的三棱柱体，

浅浅的棱线,清晰的阴影,使两个入口既分又合,整个立面既对称又不完全对称。展览馆入口北侧有大型铜雕,就其位置、立意和形象来说,都与建筑紧密结合,相得益彰。

小广场:东西馆之间的小广场铺花岗石地面,与南北两边的交通干道区分开来。广场中央布置喷泉、水幕,还有五个大小不一的三棱锥体,既是建筑小品,也是广场地下餐厅借以采光的天窗。广场上的水幕、喷泉跌落而下,形成瀑布景色,日光倾泻,水声汩汩。观众沿地下通道自西馆来,可在此小憩,再乘自动步道到东馆大厅的底层。

展览馆:美术馆馆长 J.C.布朗认为欧美一些美术馆过于庄严,类若神殿,使人望而生畏;还有一些美术馆过于崇尚空间的灵活性,大而无当,往往使人疲乏、厌倦。因此,他要求东馆应该有一种亲切宜人的气氛和宾至如归的感觉。安放艺术品的应该是"房子"而不是"殿堂",使观众来此就感觉如同在家里安闲自在地观赏家藏珍品一般。他还认为建筑应该有个中心,提供一种方向感。为此,贝聿铭把三角形大厅作为中心,展览室围绕它布置,观众通过楼梯、自动扶梯、平台和天桥出入各个展览室。透过大厅开敞部分还可以看到周围建筑,从而辨别方向。厅内布置树木、长椅,通道上也布置了一些艺术品。大厅高 25 米,顶上是 25 个三棱锥组成的钢网架天窗。自然光经过天窗上一个个小遮阳镜折射、漫射之后,落在华丽的大理石墙面和天桥、平台上,非常柔和。天窗架下悬挂着美国雕塑家 A.考尔德的动态雕塑。

东馆的设计在许多地方若明若暗地隐喻西馆,而手法风格各异,妙在似与不似之间。东馆内外所用的大理石色彩、产地以及墙面分格和分缝宽度都与西馆相同。但东馆的天桥、平台等钢筋混凝土水平构件用枞木作模板,表面精细,不贴大理石。混凝土的颜色同墙面上贴的大理石颜色接近,但纹理质感不同。

东馆的展览室可以根据展品和管理者的意图调整平面形状和尺寸,有些房间还可以调整天花高度,这样既避免了大而无当,又取得了真正的灵活性,使观众觉得艺术品的安放各得其所。按照布朗要求,视觉艺术中心带有中世纪修道院和图书馆的色彩。七层阅览室都面向较为封闭的、光线稍暗的大厅,力图创造一种使人陷入沉思的神秘、宁静的气氛。

建筑与人文：

建筑大师贝聿铭

美籍华人建筑师，1917年生于广州，祖辈是苏州望族，他曾在苏州狮子林里度过了一段童年时光。其父是中国银行创始人之一——贝祖怡。贝聿铭10岁随父亲来到上海，18岁到美国，先后在麻省理工学院和哈佛大学学习建筑，1955年创立建筑事务所，1990年退休。

作为最后一位现代主义建筑大师，他被人描述成一位注重抽象形式的建筑师。他喜好的材料只包括石材、混凝土、玻璃和钢。

贝聿铭属于实践型建筑师，设计了大量的划时代建筑，作品颇丰，而论著则较少，他的工作对建筑理论的影响基本局限于其作品本身。

1983年，贝聿铭获得了建筑界的"诺贝尔奖"——普利策建筑奖。他是这样形容自己的："我是那些对现代运动具有领先洞察力，并且坚信其能够在艺术、技术和设计上都取得巨大成就的一代美国建筑师中的一个。"

1955年贝聿铭在丹佛为韦伯和卡纳普设计了Mile High Center办公楼，这栋楼阐明了贝聿铭对密斯的"钢和玻璃原则"的赞赏程度。建筑被抬高到立柱上面，正如密斯所提倡的那样，这座综合建筑也是贝聿铭事业的第一个标志，以至于他后来长期倾向于设计富丽堂皇的开阔空间。

20世纪60年代，贝聿铭从大规模的"钢和玻璃"的再开发项目转移到声望很高的文化建筑项目和其他可以探究混凝土结构可塑性、表现力的公共项目上，这个新方向的突破伴随着他为科罗拉多州波尔德的大气研究所设计的国家气象中心而产生了。贝聿铭后来被选为肯尼迪图书馆和国家美术馆东馆的设计师。

贝聿铭在著名的巴黎卢浮宫扩建工程中的设计可能是他最广为人知的作品。

↑贝聿铭设计的北京香山饭店外景

↑香山饭店大厅

美国国家航空航天博物馆

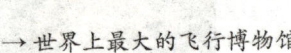

地　　点：美国华盛顿
竣工时间：1976年
建筑面积：63000平方米

→ 世界上最大的飞行博物馆

　　1976年7月开馆的美国国家航空航天博物馆，是史密森学会创建的众多博物馆之一，也是目前世界上最大的飞行博物馆，由两个展馆和一个仓库组成。一个展馆是位于华盛顿特区国家路的主馆，另一个展馆是位于华盛顿特区郊外马里兰州休特兰社区的"史蒂文·F·马德沃尔－哈齐中心"，一个仓库是指位于马里兰州休特兰的"保罗·E·盖博保存修复与贮藏仓库"。整个建筑是由玻璃、大理石和钢材构成的现代化建筑。

　　博物馆的24个展厅共有18000平方米的展览面积。各展厅陈列着飞行史上具有重要意义的各类飞机、火箭、导弹、宇宙飞船及著名飞行员、宇航员用过的器物。除体积过于庞大的采用模型外，绝大多数展品都是珍贵的原物或备用的实物。

　　美国国家航空航天博物馆建于1946年。初衷是建一个航空博物馆，1957年博物馆开始增添火箭和航天技术方面的展品，1966年起使用现在这个馆名。1972年由政府出资，用4400万美元建成了博物馆的新大楼，又用1000万美元安装了博物馆的各种设备。1976年7月1日美国成立200周年之际，航空航天博物馆隆重开馆。

　　新馆长209米，宽69米，高26米，可同时容纳8000名左右的观众。第一、二层有22个厅，第三层是图书馆、服务台和餐厅。博物馆的正面和两边均为玻璃大厅，显得晶莹剔透，轻巧明快。悬在大厅中的飞行器就如同正在空中飞行一般栩栩如生。

> **这里珍藏着各种创造了航空奇迹的历史名机**
> 　　2003年6月，一架饱经风霜但魅力不减的法国航空公司"协和"号超声速客机被运到这里，8月，波音公司1954年生产的Dash-80被送到这里，它是波音707客机的原型机；这里还有世界上第一架带增压客舱的波音307"同温层客机"，这架飞机在西雅图试飞时紧急迫降，不久前才刚刚整修一新；曾经在朝鲜半岛上空对峙的美国与苏联战斗机在这里也是面对面地陈列着；此外还有一架嫩黄色的奇异的诺思罗普飞翼式飞机和一枚德国在二战期间研制的木制弹翼的地空导弹。

水晶教堂 *Crystal Cathedral*

地　　点：美国洛杉矶
建造时间：1976—1980年
建筑面积：63000平方米
建　筑　师：菲利普·约翰逊 和约翰·伯格
建筑风格：新古典主义
结构形式：钢结构

　　一提起教堂，人们都会联想起厚厚的墙壁、窄小的窗户和黝黑暗淡的室内光线。而这座水晶教堂却与众不同，它用的是空间钢架结构和镜面玻璃，晶莹明亮，宛如水晶殿堂。

　　进入教堂，首先经过低矮的门廊，那是用来作为走向内部巨大空间的过渡。教堂长122米，宽61米，高36米多，超过了著名的巴黎圣母院。教堂内部十分雄伟，但又不失亲切，能容纳近3000人。

　　空间结构把屋顶和墙壁连在一起，既起承重作用，又是空间的界限。结构由钢管构成，管径由50毫米到76毫米，个别受力大的地方，钢管管径接近125毫米。下弦杆仅面向一个方向，垂直于教堂长轴，以防止视觉上的干扰。杆件都漆成白色，加强通透的感觉，仿佛结构已经消失。显然，结构形式和它的处理对建筑师完成预期目的起了很大作用。

　　镜面玻璃的透光率是80％，但内部仍极明亮。玻璃半数厚8毫米，其余厚9.5毫米，错乱地分散在墙和顶的四处，以避免因谐振而造成某些声符消失。教堂外部在反射天空云影和周围景物时，厚薄不同的玻璃会产生种种有趣的图案。

建筑与人文：

追逐梦想

"上帝喜欢水晶教堂胜过石头建造的教堂。"——罗伯特·舒勒

1968年的春天，罗伯特·舒勒牧师决心在美国加州建造一座水晶大教堂。他向著名的设计师菲利普·约翰逊说出了自己的梦想："我要建造的不是一座普通的大教堂，而是要建造一座人间的伊甸园。"

菲利普·约翰逊问他："你预算多少钱？"

罗伯特·舒勒牧师坦率而明确地回答："我现在一分钱也没有，对我来说，是100万美元还是400万美元的预算没有本质上的区别。重要的是，这座水晶大教堂本身一定要具有足够的魅力来吸引捐款。"

后来，水晶大教堂的预算初步定为700万美元。这700万美元对于当时的罗伯特·舒勒牧师来说，不仅是一个超出他能力范围的数字，而且也是超出了众人理解范围的数字。

当天夜里，罗伯特·舒勒牧师拿出一页白纸，在最上面写下"700万美元"，接着又写下10行字：

1. 寻找1笔700万美元的捐款。
2. 寻找7笔100万美元的捐款。
3. 寻找14笔50万美元的捐款。
4. 寻找28笔25万美元的捐款。
5. 寻找70笔10万美元的捐款。
6. 寻找100笔7万美元的捐款。
7. 寻找140笔5万美元的捐款。
8. 寻找280笔2.5万美元的捐款。
9. 寻找700笔1万美元的捐款。
10. 卖掉1万扇窗户，每扇700美元。

从此，罗伯特·舒勒牧师开始了苦口婆心、坚持不懈的漫长募捐生涯。

到第60天的时候，富商约翰·柯林被水晶大教堂奇特而美妙的模型所打动，罗伯特·舒勒牧师得到了100万美元的第一笔捐款。

↑ 罗伯特·舒勒

↑ 也许你从来没有见过水晶教堂，也许你从来没有设想过一座教堂会如此建造，但是，当你第一次见到这座教堂时，你一定会被它独特的魅力所吸引。

到第65天的时候,一对听了罗伯特·舒勒牧师演讲的农民夫妇,捐出了1000美元。

第90天,一位被罗伯特·舒勒牧师孜孜以求精神所感动的陌生人,开出了一张100万美元的银行支票。

第8个月的时候,一名捐款者对罗伯特·舒勒牧师说:"如果你的努力能筹到600万美元,那剩下的100万美元就由我来支付。"

第二年,罗伯特·舒勒牧师以每扇窗户500美元的价格请求美国人认购水晶大教堂的窗户,付款的方法为每月50美元,10个月分期付清。实际情况比预想的要好得多,还不足6个月,一万多扇窗户就全部认购完毕。

建造水晶大教堂共用掉了2000万美元,比最初预算多得多,全部是罗伯特·舒勒牧师一点一滴筹集而来。

1980年9月,历时12年,可容纳1万人的水晶大教堂全部竣工,成为世界建筑史上的一个奇迹,也成为世界各地前往加州的人必去瞻仰的胜景———名副其实的人间伊甸园。

后来,罗伯特·舒勒牧师经常这样讲:不是每个人都应该像我这样去建造一座水晶大教堂,但是每个人都应该拥有自己的梦想,设计自己的梦想,追求自己的梦想,实现自己的梦想。梦想是生命的灵魂,是心灵的灯塔,是引导人走向成功的信仰。有了崇高的梦想,只要矢志不渝地追求,梦想就会成为现实,奋斗就会变成壮举,生命就会创造奇迹。

↑水晶教堂的圣堂可容纳800人,其规模超过巴黎圣母院。

大教堂的管风琴

这架管风琴据说是由芝加哥 Hazel wright 所制作并作为礼物赠送的,并以其优秀的质量和超大的体积而闻名,它是世界五大管风琴之一。

→水晶教堂内巨大的管风琴

美国迪斯尼音乐厅

Walt Disney Concert Hall

地　　　点：美国洛杉矶
竣工时间：2003年
建筑面积：约25000平方米（地上部分）
建　筑　师：弗兰克·盖里
评　　　价：洛杉矶前市长里查德·雷登断言："迪斯尼音乐厅是过去一百年来人类所修建的最伟大的建筑！"

　　迪斯尼音乐厅是美国建筑大师弗兰克·盖里的大手笔。他曾在剪彩仪式上说，他设计的目的就是要把这座建筑"建造成为一个让人们欣赏音乐的美丽处所，他们将以过去所没有体验过的感觉来欣赏洛杉矶爱乐乐团的演奏"。

　　音乐厅有着造型奇特的外观，它的外墙全部由银灰色的轻质金属材料制成。晴空万里的时候，在蓝天映衬下，那些由不同形状、线条流畅的金属板组成的建筑，看上去既像一艘在大海上扬帆远行的、银灰色的帆船，又宛如一朵盛开的银色玫瑰，令人叹为观止。从某些角度看，它完全是一些点、线、面的随机组合，很容易让人们感觉是混乱的。但盖里明白，为了防止建筑整体感的破坏，迪斯尼音乐厅必须比以往的任何建筑更加注重每一部分的精确。这座建筑可以说是盖里设计原则的最完美体现，它通过各部分的形式、角度和相互的特殊关系结合成一个整体。

银光闪闪的曲线表面从地面伸向天空，在边缘处重叠或卷曲。与以往建筑不同的是，很多基本的曲面在尺寸上更加均衡，彼此几乎不接触，而留下一段空隙，从而更有利于将其统一为整体，建筑表面的起伏就好像古典音乐中不同声部的配合。同时，这座建筑还更强调每一块表面自身的流动性，而不仅仅是表面之间的组合。曲线转角部位有时会膨胀或缩小，然后又柔和地转向另一个方向。盖里使用了更加精炼的表面，但每一块都更加复杂优美，它们被恰到好处地放置并粘合在一起，展现了建筑师高超的设计技巧。

↑ 为了纪念迪斯尼夫人当初建造音乐厅的设想和捐助，音乐厅的前面有一块用马赛克雕塑的玫瑰花，因为夫人生前最喜爱的就是玫瑰花……

从城市设计的角度讲，迪斯尼音乐厅奇特的外形并没有给周围建筑带来威胁，它较低的体量和高处由弧线释放成的尖角使它在吸引眼球的同时并没有给环境带来不安。

从正门拾级而上，穿过一个在巨型块状建筑包围下的圆形小广场，就可进入迪斯尼音乐厅，前厅的设计风格和色彩简洁明快，采光极好。这里所有表达建筑主题的梁柱部分，甚至是空调系统的管道都被贴有木质条纹的材料所包裹，使得前厅与音乐厅演奏大厅内部在整体装饰风格上协调统一、相得益彰，没有任何突兀之感。前厅右侧，是一个可容纳200人左右的小型音乐厅，这个小型音乐厅的墙壁设计非常精美，像两个紧紧相连的海螺。木质吸音墙壁的色彩与鲜艳的红、黄、蓝等色座椅搭配在一起，既避免了色调的呆板，又使得小小的音乐厅充满了跳跃的色彩活力。

演奏大厅可容纳2265名听众。盖里运用丰富的波浪线条设计了天花板，并营造了一个华丽的环形音乐殿堂。为使在不同位置的听众都能得到同样充分的音乐享受，音乐厅采纳了日本著名声学工程师永田穗的设计。厅内没有阳台式包厢，全部采用阶梯式环形座位，坐在任何位置都没有视线被遮挡的感觉。音乐厅的另一设计亮点是，在舞台背后设计了一个12米高的巨型落地窗供自然采光，白天的音乐会则如同在露天举行，窗外的行人过客也可驻足欣赏音乐厅内的演奏，室内室外融为一体。

迪斯尼音乐厅另外一个与众不同的特点是，它不仅仅是一座供人们在室内欣赏音乐的殿堂，还是一处观览洛杉矶城市风光的好地方。围绕迪斯尼音乐厅外侧，特别设计了供游人欣赏洛杉矶城市风光的室外观景平台，人们处在观景平台的不同位置均可看到洛杉矶其他地标性的建筑和景致。

人类学博物馆

UBC Museum of Anthropology

地　　点：加拿大温哥华
建造时间：成立于1947年，1976年对外开放
建 筑 师：亚瑟·艾瑞克森

　　人类学博物馆位于哥伦比亚大学内一个高耸的砂岩悬崖边上，从那里可以俯瞰乔治亚海峡和海峡北岸的巍巍群山。这个地段的三个特点对博物馆设计产生了重要影响：第一，砂岩会被无情地腐蚀，因此尽管悬崖边上有很好的视野，也不能冒险将建筑建在地段的边缘；其次，人们用成千上万吨的混凝土在宝贵的土地上留下了比自然界更为永久的印记，因此博物馆要相对低调地来应对地段环境；最后，为了不阻挡背后的美景，博物馆必须是一个低矮的建筑。

　　博物馆造型充分反映了西北海岸原住民房屋的传统架梁结构，该建筑各部位设计也都充满了强烈的艺术气息。博物馆正门是由吉辛部族的艺术家哈瑞斯、莫多、史坦芬斯以及史坦瑞特共同创作而成，采用的木料为西洋红杉木。当大门闭合时，博物馆就像西北海岸原住民生活中用的弯形木盒。

　　入口大堂内放置了5件海达原住民的图腾柱残片以及两件夸夸嘉夸族的室内门柱。而在展览大堂内，各海岸原住民部族的物品，包括图腾柱、雕刻、箱子、独木舟等错落分布，高高的玻璃墙使天然光线尽可能多地进入室内，使人能更清晰地欣赏藏品的原貌。

值得一提的是，人类博物馆还专门设计了一个圆形展览厅，陈列著名原住民雕刻家雷德的巨型雕塑"渡鸦与人类的诞生"。

室内水池的周围还复原了一些印第安原始村落及其周围的植被环境。埃里克森研究了部落长屋中雪松原木的使用及其所带来的夸张、奢华的感觉，认为类似这样的感觉很适合博物馆——体量巨大，体积感强，因此用来体现原住民对大自然的崇敬，博物馆中运用的建筑元素灵感也来源于此。槽钢型的水平混凝土梁如同炮台一样排列着，形成了展览大厅独特的外观，这些宽度、厚度都相同的横梁在不同高度呈台阶状排列着。

↑馆内展品

建筑师在设计时强调一个理念——让所有收藏的文物都是可见的。现在，参观者可以在人类学博物馆内看到它所有的收藏品，而且还可以从玻璃展柜旁的参考书目中查找自己感兴趣的相关研究。

1981年，相关机构决定对博物馆进行扩建。博物馆主要针对两个区域进行了扩建，首先是在博物馆的西入口增建了一个入口大厅和主展厅以弥补公共空间的不足。通过新的入口大厅可以直接进入新的主展厅，主要用来进行旅游资讯的展览和现场表演。地下是储藏室、展览准备室以及其他服务设施。其次还在老馆的东面增建了一些小型艺术品的展厅，这些展厅在建筑元素、建筑材料以及施工方式上都和老馆完全一样。因此，老馆和新馆之间没有明显界限，尽量把扩建产生的影响降到最小，老馆依然是整个博物馆的焦点。

建筑与人文：

人类学

人类学是从生物和文化的角度对人类进行全面研究的学科。该词由 anthropos 和 logosgm 两词合成，字面上的意思就是有关人类的知识学问。最早见于古希腊哲学家亚里士多德对具有高尚道德品质及行为的人的描述中。1501 年，德国学者亨德用这个词作为其研究人体解剖结构和生理著作的书名。因此，在 19 世纪以前，人类学这个词的用法相当于我们今天所说的体质人类学，尤其是指对人体解剖学和生理学的研究。进入 19 世纪后，欧洲许多学者开始对考古学所发现的化石遗骨感兴趣，这些遗骨常伴有人工制品，而这些制品在现今幸存的原始民族中仍在使用，所以学者们开始关注、搜集有关原始种族的体质类型和原始社会文化的报道。这些情况最初是由探险家、传教士、海员等带到欧洲的，后来人类学家也亲自到异文化中去搜集这方面的材料。因此，人类学中止了仅仅关注人类解剖学和生理学的传统，而进一步从考古、文化、语言和体质诸方面对人类进行广泛综合的研究。当然，由于各国学术传统的差异，对人类学的名称及各分支学科有不同的理解，在欧洲大陆，人类学一词仅作狭义的解释，即专指对人类体质方面的研究，对人类文化方面的研究则称为民族学。

蒙特利尔奥林匹克体育场

Stade Olympique

地　　点：加拿大蒙特利尔
竣工时间：1973年
占地面积：75万平方米
建 筑 师：塔利伯特和达欧斯特

　　加拿大人在梅宗纳夫公园修建了规模巨大的梅宗纳夫奥林匹克体育中心，它占地面积75万平方米，包括奥林匹克体育场、室内游泳池、跳水池和自行车赛场等。奥林匹克体育场能容纳71920名观众，有着质量非常好的标准400米塑胶跑道。

　　整个体育场呈椭圆形，四周用34根钢筋水泥柱支撑，所有预制构件安装在柱子上，固定在柱子上的悬臂长达100米，离地面最高处为54米，看台顶棚由悬臂支撑（所有固定看台均有顶棚）。体育场设有213米高的鹰嘴式高塔，塔顶悬挂覆盖整个体育场的顶棚，电钮一开，整个由钢索悬挂的顶棚便可使体育场变成前所未有的室内运动场。

↑蒙特利尔奥林匹克体育场外观就像一艘扬帆出航的船，35年前奥运圣火曾经在这里燃烧了15个日夜。

　　运动场内有两块巨大的长20米、宽10米的记分牌，各装有19000多个灯泡，从场内任何一侧，都可清晰地看到牌上所显示的比赛成绩。奥林匹克体育场看台下面共有6层，安排有各种用途的厅室，还有一个体育博物馆。场馆设施表面都装饰了茶色玻璃，熠熠生辉，显得富丽堂皇。

　　这座现代化的建筑是法国人塔利伯特的作品。赢得1976年奥运会主办权后，秉承了法国浪漫血统的魁北克人想通过这座建筑扬名天下。最初的设想是通过倾斜的高塔将体育馆巨大的顶棚吊起来，如此浪漫新颖的设想即使是在今天也是充满了新意的。但是法国人的幻想却在现实面前碰了壁：试验阶段，粗大的钢缆相继被拉断，蒙特利尔人不得不将那巨大的顶棚牢牢地焊接住，梦想终究没有变成现实。

　　另外，巨大的"蒙特利尔陷阱"——奥运会开支，使这届奥运会成为历史上最赔钱的奥运会，直到2006年年底，魁北克政府和蒙特利尔人才支付完高达15亿的债务！而且每年冬天用于清除体育馆顶棚积雪的维护费用就高达几百万加币！

　　2006年，由于蒙特利尔奥林匹克体育场的屋顶每年要花费纳税人大量的资金进行更换，因此，SNC-Lavalin工程公司向奥林匹克体育场安装委员会提交了一个永久性解决方案，该公司计划用一个永久性的新屋顶代替现在的设计，这也是蒙特利尔奥林匹克体育场屋顶的第一个解决方案。

建筑与人文：
奥运故事

第21届奥运会于1976年7月17日在蒙特利尔奥林匹克体育场正式开幕。英国女王伊丽莎白二世和国际奥委会主席基拉宁出席，女王宣布本届奥运会开幕，开幕式最后点燃奥运火焰，由一对少年男女普雷方丹和亨德森共同完成，这是奥运会史上的第一次、也是唯一一次由两人共同执行这一光荣的使命。

←从蒙特利尔奥林匹克公园斜塔上俯瞰到的风景

本届奥运会共有88个国家和地区的6189名运动员（其中女运动员1274人）参赛。参赛运动员数最多的国家是：美国425人，加拿大416人，苏联409人。

在2006年最后的日子，蒙特利尔传出两条消息：一条是1976年奥运会的债务终于还清，据说是在2006年11月结算了最后一笔。对蒙特利尔人来说，奥运债务一日没还清，奥运会似乎就没有完全结束。这是一届长达30年之久的奥运会，谢天谢地，现在它终于谢幕了；另一条是加拿大国宝级音乐大师、爵士钢琴家奥斯卡·彼特森因病逝世，享年82岁。他曾是1976年蒙特利尔奥运会艺术联欢节的主角，音乐史上最重要的摇滚爵士乐手以及最负盛名的爵士音乐大师之一。尽管他是在美国成名并走向辉煌，但他的家乡蒙特利尔还是以他的名字命名了一座音乐厅。蒙特利尔几十年来一直把奥斯卡·彼特森当作城市形象代言人。

蒙特利尔奥林匹克体育场，无疑是史上最漂亮的体育场之一，它的设计概念是一艘扬帆出航的船，而那个标志性的"桅杆"是最麻烦也是最费钱的。当年奥运会如期举行时这个"桅杆"根本没有完工，这个梦幻的体育场是在奥运会结束十几年之后才正式完工的，而且据说还没有完全按原设计师的设计来做。

加拿大国家美术馆

National Gallery of Canada

地　　点：加拿大渥太华
竣工时间：1988年
建 筑 师：摩西·萨夫迪

建筑师摩西·萨夫迪在设计加拿大国家美术馆时，采用了统一的手法来协调新老建筑物间的关系。加拿大国家美术馆是渥太华市的重要组成部分之一，设计中最大的挑战莫过于它与国会大厦、国会图书馆的协调问题，建筑师敏锐地捕捉到了国会图书馆在比例形式上的构成方式，使其在美术馆的入口玻璃大厅顶部得以再现，有效地调和了二者在比例造型上的关系。尽管二者在材料、色彩乃至结构形式上大相径庭，然而比例上的统一却使新老建筑取得了良好的呼应，为环境补上了完美的一笔。

在设计时寻求基本的有机秩序来表达美术馆的公共空间、展览空间以及技术、行政管理功能之间的和谐统一。美术馆的主厅和侧厅，采用大量的三角型FTS（表面张力系统）装饰遮阳，既可以有效调节光线进入、控制室内温度，同时也体现了建筑在艺术、装饰上的协调性。

← 美术馆内部

→ 徜徉在艺术的长廊中令人流连忘返

加拿大文明博物馆

Canadian Museum of Civilization

地　　点：加拿大渥太华
竣工时间：1989年落成开馆
建 筑 师：道格拉斯·卡迪纳尔

　　加拿大文明博物馆这座独具匠心的艺术建筑是加拿大最大且游客最多的博物馆，它比较完整地介绍了加拿大历史。馆内以全球最大的室内图腾展览、美轮美奂的土著居民第一民族大礼堂和立体宽银幕（IMAX）电影院最为著名。

　　文明博物馆位于渥太华河北岸的赫尔市河滨，与国会山隔岸相望。馆舍由展览馆和管理储藏馆两部分组成，外观设计成弯曲的墙和圆丘形屋顶，色彩与河畔沙丘浑然一体，以此象征由冰川、急流和风雪自然侵蚀而形成的加拿大地貌。文明博物馆是一处连接过去、现在与未来的博物馆，博物馆外型充分体现了这一点。

第3章

南美洲之旅

　　提起南美洲我们一定会想到面积为世界第五大的国家——巴西。那么在建筑领域对世界产生了重要影响的也要数巴西的新首都巴西利亚了,这座建成于20世纪60年代的新城市,是唯一被联合国评为人类文化遗产的新城,巴西利亚的建筑不仅成为巴西人最大的骄傲,在世界建筑艺术中也独树一帜,印象鲜明并带有强烈的力量。

　　20世纪20年代末,欧洲现代主义建筑思潮开始影响到南美洲。此后,现代主义建筑在这里得到较快发展。建筑师们在推行现代主义建筑时并不拘泥于模仿建筑形式,而是积极探索地区特点和民族风格。他们根据自己的技术和经济条件,发挥钢筋混凝土结构材料的特点,塑造空间形象:空间开阔、形体多样、造型粗犷、色彩浓郁、光影对比强烈。南美洲的很多作品个性强烈,风格迥异于欧洲、北美洲的现代主义建筑。

科隆大剧院

Teatro Colón

地　　点：阿根廷布宜诺斯艾利斯
建造时间：1889—1908年
占地面积：7050平方米
建 筑 师：弗朗西斯科·塔布里尼
建筑风格：早期哥特式

　　科隆大剧院是按照19世纪巴黎歌剧院和维也纳国家歌剧院等欧洲大剧院的传统建筑形式设计的，具有浓郁的欧洲古典剧院风格。既有文艺复兴时期意大利建筑风格，又兼有德国建筑的宏伟坚固和法国建筑优美大方的特点。它是仅次于纽约大都会歌剧院和米兰拉·斯卡拉剧院的世界第三大歌剧院。剧场呈马蹄形，周围有三层包厢、四层楼座，设有总统和市长专用包厢，拥有观众座位3200个，座位之间宽敞舒适。剧场内的主色调是大红色和金黄色。乐池可容纳120人并能够由升降机抬高到与舞台持平的高度，供大型交响乐团或交响合唱队演出使用。舞台长35.25米，宽34.5米，红色的天鹅绒帷幕绣满了典雅的图案。剧场大厅的穹顶还装饰着阿根廷著名画家乌尔·索尔迪创作的51幅音乐舞蹈题材的作品。剧场绝妙的音响效果，更是完美到无以复加的地步。

↓ 坐落于七月九日大街广场上的科隆大剧院是一座典型的文艺复兴式的庞然大物，透露出一派奢华。

建筑与人文：
科隆大剧院的文化

这座南美洲的著名大剧院，实际上还是一座丰富多彩的戏剧博物馆。在剧院的靴鞋收藏室里，陈放着4.2万双不同时代、不同性别和不同年龄、职业、身份的人穿的各种款式的靴、鞋。从罗马皇帝穿的华丽皮靴、公主纤足穿的水晶鞋、贵族夫人和小姐穿的软底鞋一直到猎人穿的兽皮靴和山民穿的木鞋，琳琅满目。这里还收藏有一双色彩绚丽的中国古代的靴子，那是1956年中国京剧团访问阿根廷时，扮演"美猴王"的著名京剧演员李少春穿过的"齐天大圣"的靴子。

在剧院的服装收藏室里，陈放着9万多套各式服装。这些都是剧院成立近90年来历次演出用过的服装。既有原始人御寒的兽皮、乞丐穿的破衣烂衫，也有骑士防身的甲胄、传教士身上的黑袍和贵夫人的礼服。这些服装，每套都有档案记载着使用年代、演出剧目以及剧中人和演员的名字。

至于收藏着上百万件各种道具的库房，更是研究民族历史和社会民俗的资料宝库。数以千计的造型各异的灯具和烛台、摆放在皇宫的雕花家具和乡间小酒店的桌椅板凳等，应有尽有。

剧院的地下室里，还设有一座规模可观的舞台美术工厂，演出用的各种服装、道具和偌大的布景，都在这里制作。

↑ 当灯光开启，听众便置身于美轮美奂的音乐氛围之中。

↑ 科隆大剧院外墙上精美的装饰

↑ 科隆大剧院内莫扎特的纪念塑像

巴西利亚国会大厦

National Congress of Brazil

地　　点：巴西巴西利亚
建造时间：1958—1960年
建 筑 师：奥斯卡·尼迈耶

　　国会大厦是巴西利亚最具标志性的建筑，两栋大楼分别是国会的上议院和下议院。中间有过道相连，成"H"形。"H"是葡萄牙文"人类"的第一个字母，因此这个造型寓意"以人为本"和"人类主宰世界"。

　　国会大厦前的平台上有两只硕大的白色的"碗"。左侧的众议院碗口朝上，是联邦众议院的会议厅，喻意广采众议，同时也表达众议院开会时是向公众开放的；右侧的参议院碗口朝下，是参议院的会议厅，意在把众议院汇集起来的人民大众的意见由碗口朝下的参议院予以采纳并加以研究，同时也喻意参议院审议的议题常常涉及国家机密。在它们的后面，是27层的办公楼，楼本身又分成相对而立且靠得很近的两个薄片，中间是一线天似的夹缝。整个议会大厦外形十分简洁，横与直、高与低、方与圆、正与反形成强烈对比。

建筑与人文：
巴西利亚——最年轻的人类文化遗产

巴西过去曾在萨尔瓦多城和里约热内卢建都，两地都是海滨城市。1822年独立之后，巴西政府出于政治、经济和战略安全的考虑，决定在内地创建新都。从设想到实际迁都，历时138年，经历迁都酝酿和决策（1822—1890年）、新都选址和规划（1891—1956年）以及动工建造（1956—1960年）3个阶段。1960年4月巴西正式将首都从里约热内卢迁到巴西利亚。

巴西政府在建新都前曾向全世界招标，征求设计方案，随后邀请世界上众多著名的建筑大师组成评选委员会，从26个设计方案中选定了卢西奥·科斯塔教授的平面布局为飞机型的蓝图。还请参加过联合国大厦建筑的巴西著名建筑师奥斯卡·尼迈耶担任新都建设的总工程师。

↑ 巴西利亚街景

卢西奥·科斯塔的作品是从十字架得到灵感的。"十"字是将两条主要干线交叉在一起，此外因为要符合巴西利亚的地形，就把其中的一条变成弯弯的弧线，十字架就变成一架大飞机的形状。

巴西利亚有新区（市区）、旧区和工人住宅区三部分。

新区建筑平面布局像一架机头向东且有后掠翼的喷气式飞机，

↑ 巴西利亚市内造型别致的JK总统大桥

这象征着巴西是迅速发展中的国家。机头部位有三权广场、议会、总统府和最高法院，象征整个国家的神经中枢。机身前部是18座对称的政府各部办公大楼。总统府是一座精心设计的四层楼建筑，外部几乎全部采用玻璃结构。上述这组楼群中，外交部大厦最引人注目。整个大厦立身于湖水中，四壁由玻璃构成，被誉为"水晶宫"。水晶宫正门的湖面上一座由5块石头组成的变形莲花，象征着五大洲的团结。

从机头向后的建筑群是全城的主轴，它错落有致，风格各异，又浑然一体，形成一个和谐壮美的画面。与这个主轴相交叉的，是一组造型各不相同的住宅群。这些住宅沿着与湖面平行的自然曲线排列，形成喷气机的两翼。每个住宅区有数十座大楼，建有学校、幼儿园、影院、教堂、商店和医院等，生活区之间隔着绿地，或者花圃和丛林，四季常青，使人感到虽身处高楼群内，却不乏大自然的情趣。机尾处是火车站和向南北伸去的铁路。再向后是小型工厂。此外，散处不同地点的巴西利亚大学历史中心、大教堂和式样各异的使馆建筑，都展示了现代建筑艺术和风格。整个新区布局协调、结构新颖，处处绿草茵茵，繁花似锦。机翼前方的帕拉诺阿人工湖上碧波粼粼，湖畔林木苍翠。这座人工湖由四条河拦截而成，蓄水量4.91亿立方米，还起着调节气候的作用。

↓年轻而魅力独具的巴西利亚
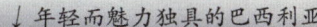

老区建筑以普拉纳尔迪纳历史中心（1859年建造）最负盛名，现位于巴西利亚的一座卫星城内，是联邦区内规模最大、历史最悠久的建筑群。另外的9座庄园也保存完好，其中最大的庄园始建于1832年，它的屋舍属典型的地方建筑，还有巴兹兰迪亚历史中心也是老区内的著名建筑。

工人住宅区是创建新都时为建筑工人临时搭建的具有现代特色的木屋，大部分木屋保留至今，少数因城建需要已被改建或拆除。法蒂玛圣母院、奥里维拉医院、巴西利亚第一座教堂——圣·约瑟夫教堂和第一所学校也坐落在工人住宅区。

巴西利亚的建成，首次实现了全部人工规划的未来城市，它是真正建立在绿地上的首都，它的规划设计体现了人类精神和智慧的伟大创造力，也是建筑的现代精神的典范。但也有人对城市的规划提出批评，认为追求形式多于追求经济利益、文化和历史传统，对低收入者的就业和居住条件注意得不够。

圣弗朗西斯科教堂

Igreja Sao fromcislo de Assis

地　　　点：巴西米纳斯吉拉斯州州府贝洛奥里藏特
竣工时间：1958 年
建　筑　师：奥斯卡·尼迈耶

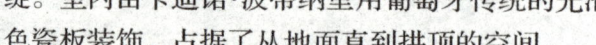

　　1940 年尼迈耶首次独立设计了在巴西米纳斯吉拉斯州州府贝洛奥里藏特市的一批建筑，其中最令人称道的是圣弗朗西斯科教堂。这座教堂的外形看似一组抛物曲线的奇妙组合，其两堵墙不过是教堂顶部的斜下延伸。这一作品被一致公认为是巴西现代建筑艺术的第一件杰作。

　　圣弗朗西期科教堂不同寻常的中殿是一个蜿蜒连续的空间，中殿上面由四个抛物线形的土拱券构成，屋顶和墙没有留下任何明显的结构上的破绽。室内由卡迪诺·波蒂纳里用葡萄牙传统的光滑彩色瓷板装饰，占据了从地面直到拱顶的空间。

↓ 圣弗朗西斯科教堂夜景　　→ 奥斯卡·尼迈耶

↑ 教堂正面，左侧的"高塔"是钟楼，顶部有个铜钟。

建筑与人文：
曾经引起很大争议的现代派教堂

圣弗朗西斯科教堂是一座现代风格的天主教堂，当地媒体甚至认为它的建筑风格和装饰不适用于教堂，称它是饱受争议的现代派教堂。由于它的设计太过新颖，以至于在刚建成的几年中，没有神父愿意到这里工作，在大主教安东尼奥看来，教堂只是一个棚。不过这座教堂现在已经成为一个新的经典，是巴西贝洛市的骄傲。其实很多现在被人们推崇的建筑在建成之初都被诟病，包括巴黎的埃菲尔铁塔、曼哈顿的金门大桥等，都有类似的经历。

↑ 教堂背面的壁画，内容是圣弗朗西斯科的故事，据说圣弗朗西斯科通晓鸟类、鱼类的语言。

巴西利亚大教堂

Brasilia Cathedral

地　　点：巴西巴西利亚
竣工时间：1970年
建 筑 师：奥斯卡·尼迈耶

→ 拉丁美洲现代主义建筑的倡导者奥斯卡·尼迈耶，被称作建筑界的毕加索。

在巴西利亚这座喷气式飞机状城市的布局中，"机头"部分是议会、法院、总统府所在的三权广场。"机身"是8千米长的主干大道，"前舱"是政府各部大厦、广场和大教堂。"后舱"是会议、文教、体育等文化中心，"机尾"是陆军总部和为首都建设、政府部门服务的工业区，"机翼"由左右延伸的立交公路和路旁的公寓住宅区组成。

巴西利亚大教堂建于"喷气式飞机"的中部，这就要求它的造型规模，既不能与周围建筑造型相似，也不能高于"机头"部分的总统府和议会大厦；同时还要尊重宗教建筑物的威严，更重要的是必须和这个城市飞机形的总体格调相统一。因此教堂采取了地上地下空间相结合的办法。露在地面上的教堂穹顶是银白色的，由16根抛物线状的支柱支撑，流线型支柱从四周向上收为一体，顶部稍加放开，支柱间用大块的彩色玻璃相接，远看仿佛印第安酋长的头冠。皇冠四周有水池环绕，当阳光照耀在水面上，水波闪动反射到教堂内的玻璃窗上，使教堂内光线一闪一闪，给人一种既神秘又悦目的感觉。教堂地上部分的四周和顶部全部采用水晶石线和彩色玻璃装饰，五彩斑斓，富丽堂皇。

建筑物的主要部分在地下，人们必须通过一条向下倾斜的通道才能进去。光线透过彩色玻璃窗，教堂内外一派金碧辉煌。大厅中的神像，不是立于祭坛上，而是悬挂在空中。站在厅内仰视，如立云端的天主和众圣徒从天而降，俯视人间。这种奇特的视觉效果，给人一种强烈的宗教神秘感。

巴西利亚大教堂

↑ 教堂穹顶特写

← 教堂内漂浮在空中的神像让人仿若步入了神秘的天国。

建筑与人文：

奥斯卡·尼迈耶

　　奥斯卡·尼迈耶1907年诞生于里约热内卢，1934年毕业于里约热内卢的国立美术学校。他被公认为20世纪最重要的设计师之一。巴西大多数最重要的地标性建筑的设计均出自于他的一双巧手。他以源源不断的灵感和独树一帜的风格奠定了自己在设计界的巨擘地位，巧妙运用轻巧的曲线，谱写出一曲曲如行云流水般流畅的建筑音乐。用"和谐、优雅、高贵"6个字来评价他数十年来的杰出创造，再恰当不过了。

　　1938—1939年间，他为纽约世界博览会设计了一个巴西式的大帐篷，自此国际上开始认同南美洲现代主义建筑。1987年，联合国教科文组织将巴西利亚这座落成不到30年的城市列为世界文化遗产，这是世界对巴西现代建筑设计的最高评价，建筑师奥斯卡·尼迈耶随之名扬天下。他在91岁高龄时获得世界建筑界的最高荣誉——英国大不列颠皇家建筑学院金奖，这也是南美建筑师首次获此殊荣。

　　奥斯卡·尼迈耶一生不仅设计出了许多美丽绝伦的建筑物，也为自己赢得了不少荣誉。1964年，他被授予美国美洲建筑师研究院名誉委员，同一年还获得苏维埃列宁和平奖。1988年，尼迈耶获得了号称建筑界诺贝尔奖的普利策建筑奖。1996年，尼迈耶的作品首次参加威尼斯国际建筑双年展即获得金狮奖。

　　尼迈耶的建筑设计独树一帜，堪称一绝。他的建筑设计既体现建筑物的外观和形式美，同时也突出内部设计上功能和要求的和谐与一致性。他设计的建筑物外形独特，别具一格，富有新意，超乎想象。他的作品的最大特色是直线条少，多的是弧线。他在他的著作《曲线时代》中说："吸引我的是大自然和人体的曲线。我从可爱祖国蜿蜒的群山和江河、天际浮动的云彩、少女优美的体态里找到了曲线的美丽所在。"尼迈耶被认为是南半球建筑新思想的先驱者，他第一次把美的造型同建筑逻辑和主旨相融合。

　　尼迈耶的设计虽多以自然形状为根本，但在筑造手法上从不拒绝现代前沿的技术，反而无所不用其极。森林屋的格调简约纯朴，处处散发出原汁原味的本土气息。而论及建筑方式，则是不折不扣的20世纪。在远离都市喧嚣的野外，第一要点就是寻觅一处安身立命的栖息地，这种本能的欲望，经大师的匠心独运，令人耳目一新，怦然心动！

第4章 欧洲之旅

在欧洲行走穿梭间,我们感受到了浓厚的历史积淀。从古希腊盛期城邦保护神的建筑群、古罗马纯消费性大型公共建筑到中世纪的宗教建筑、文艺复兴时期的贵族府邸,从宗教改革时期的天主教堂到民族国家形成之后的中央集权制时代的宫殿,从英国资产阶级革命后出现的银行、交易所到19世纪各国的政府大厦和为发展资本主义经济而出现的各种公共建筑,以及20世纪的现代主义、后现代主义的建筑。这几千年的历史共同汇聚成了欧洲建筑艺术设计的不朽历史。欧洲建筑,就是欧洲历史演进的缩影。

奥古斯都广场

Forum of Augustus

地　　点：意大利罗马
建造时间：前42—前2年

  恺撒的继承人奥古斯都（盖乌斯·尤利乌斯·屋大维）最终打败了共和派的反抗，建立了个人独裁。他在恺撒广场旁边又建造了一个奥古斯都广场，纯为歌功颂德，只在两侧各造了一个半圆形的讲堂给雄辩家用。庙宇是献给奥古斯都的本神——战神的，围廊式的庙宇，控制了整个广场。庙宇面阔35米，共有8根柱子。柱子高17.7米，底径1.75米，立在3.55米高的台基上。广场总面积大约10000平方米，一圈单层的柱廊，把庙宇衬托得很高峻。

  广场周边的围墙，全长450米，工程量十分浩大。围墙全用大块花岗石砌筑，厚1.8米，高度竟达36米，把它同城市完全隔绝，可能是为了防火。墙外是贫民窟，墙里是大理石的建筑物，布满了金光闪闪的雕刻。

↓如今奥古斯都广场与战神殿都已不复存在，只剩下一片残垣断壁。

建筑与人文：

奥古斯都 (称号)

奥古斯都本意为"神圣的"、"高贵的"，带有宗教与神学式的意味。一般奥古斯都多用来指称第一位罗马帝国的皇帝屋大维；但后来奥古斯都也成为罗马皇帝的头衔。罗马帝国灭亡后，欧洲许多贵族也常使用奥古斯都作男子名，特别是在神圣罗马帝国的境内。

虽然许多罗马皇帝的全名中都有奥古斯都，但这个词却不能视为皇族的姓氏，而是在登基之后才能得以使用的名字。

第一个"奥古斯都"是盖乌斯·尤利乌斯·屋大维，他在公元前27年1月16日自罗马元老院获赠这个名号；在接下来的40年统治中，屋大维逐渐确立了帝国皇帝所该拥有的权力及其名衔，并让继位者的权力得以借此习惯上的称号而巩固。虽然"奥古斯都"在当时罗马的法理上没有任何与之配合的官职与实权，但这个名号却已不言自明地代表屋大维本人在世时所拥有的一切权力。

屋大维也建立了罗马皇帝名字的命名习惯。一个皇帝拥有基本的三个名衔："大将军"、"西泽"与"奥古斯都"。大将军代表军队的总司令官，西泽代表其血统的合法继承，而奥古斯都则代表因其尊贵身份而拥有的帝国特权。大将军的名号可以与别人共享，西泽的名字则同氏族成员都可以拥有，只有奥古斯都是独一无二的头衔。在这种情况下，"奥古斯都"自然等同于"皇帝"。

公元3世纪末至4世纪初，戴克里先皇帝施行"四帝共治"："奥古斯都"成了正皇帝的头衔，而"西泽"则成了副皇帝的称号，每个帝国各有一位奥古斯都和西泽，由此形成了四个皇帝共同治理国家的局面。

到了使用希腊语的拜占庭帝国时期，帝国皇帝头衔也不再是源自拉丁语奥古斯都对译的"Sebastos、Augoustos"，而是使用另一个等同于拉丁语"Imperator（大将军）"的用字"Αυτοκρτωρ、autokratr"。

后来欧洲的神圣罗马帝国皇帝使用了"大将军奥古斯都（Imperator Augustus）"的称号。特别值得注意的是，罗马帝国皇帝的三个称号中（大将军、西泽、奥古斯都），在后来只有德语继承了"西泽"为"皇帝"的意义。

奥古斯都大帝

奥古斯都大帝是恺撒大帝的侄子。由于信仰恺撒大帝的政治理想，他高呼着"为罗马而战，为恺撒而战"。当时，恺撒大帝与其反对党之间的政治斗争日趋白热化，恺撒大帝将年轻的奥古斯都送到阿波罗尼亚学习，在那里奥古斯都爱上了罗马帝国最美丽、最高贵的女人莉维亚。不久，恺撒大帝遇刺身亡，在其遗嘱中，恺撒指定了自己的继承人——奥古斯都。就这样他成了罗马帝国的奥古斯都大帝，奥古斯都赢得他钟爱的女人莉维亚，与莉维亚的婚姻给奥古斯都带来了巨大的财富，凭借着这笔财富和同伴们的支持，奥古斯都发动了对安东尼和克利奥帕特拉的战争。很快，他就征服了整个亚洲，对欧洲历史的影响力达几个世纪之久。

万神庙

The Pantheon Rome

地　　点：意大利罗马
建造时间：公元前27年首建，公元120-124年彻底重建

　　万神庙是继希腊神庙艺术后的又一发展，其特点是充分利用拱券技术，这种建筑结构最初来自伊特鲁里亚人的建筑，罗马人把希腊柱式结构与拱券结构创造性地结合在一起，在现代结构出现以前，它一直是世界上跨度最大的建筑。

　　万神庙因所供神的圣殿较多，虽可呈圆环形，但空间必须宏大，于是在伊特鲁里亚的拱券结构基础上，创造了这种从外观上看比较封闭的拱顶结构，从内部结构上看，整个建筑是由门廊和神殿两大部分组成的。前一部分是门廊，即由两排科林斯式的柱子（每排8根）支撑着一个三角形额墙的门廊，宽33.5米，深18米，后部则是一个巨大的圆形神殿，直径为43.2米，墙厚为6.2米。上面的半球形圆顶是

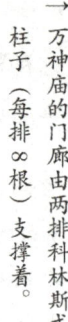

→ 万神庙的门廊由两排科林斯式柱子（每排 8 根）支撑着。

建筑物最精彩的部分，它的空间开阔，垂直的顶高几乎与圆形直径相当。四周无一窗户，唯有从圆拱的顶端天窗射入日光。因此，人在这个圆顶下，好像处在一个厚重的围壁包围之中，给人一种恒定、宏阔的神秘印象，任何声音都可以互相撞回，使空间的共鸣性增大。此种围合性的空间感，造成了信神者内心的超然力量，它是一种静态的力量，却又感到有无比的压力。建筑史学家称之为"把古希腊的回廊移进了室内"的结果，这也是罗马神庙建筑中典型的帝国风格。

神庙本身建在有着 3 层台阶的高台基上，圆拱形的内壁虽无窗户，却有彩色大理石以及镶铜等装饰，华丽炫目；西边列柱广泛采用了可以减轻负担的拱门和壁龛，这种富有创造性的建筑结构，对中世纪以至文艺复兴时期欧洲各国的宗教建筑都有不可估量的影响。它那宏伟的高空间圆顶，一直影响到欧洲的巴洛克时期，甚至近代的宫殿建筑。

关于这个大圆顶，过去一直被认为是用砖和混凝土砌成，并且圆顶是搁在第二层上面的。20 世纪 30 年代修复这座神庙时发现，过去的判断是错误的。实际上，这个大圆顶里并无砖砌的骨架，圆顶也不是搁在第二层上，而是搁在第三层上，它简直就像一顶浅而扁的无檐帽。由于外表装修细致，二、三层之间的构架十分严密，才给人以这是一个完整大圆顶的错觉。如此大胆的空间处理，在西方古代建筑中可以说是罕见的。

↑ 半球形圆顶是这座建筑物最精彩的部分，它垂直的顶高几乎与圆形直径相当。

建筑与人文：
名字的由来

万神庙（Pantheon），又译为万神殿、潘提翁神殿，位于现今意大利罗马，是古罗马时期的宗教建筑，后改建成一座教堂，是古罗马时期重要的建筑成就之一。

公元前 27 年，为了纪念早年的屋大维打败安东尼和克利奥帕特拉（埃及艳后），由屋大维的女婿、副手、曾先后三任罗马总督的马尔库斯·维普萨纽斯·阿格里帕主持，在罗马城内建造了一座庙，意在献给"所有的神"，因而叫"万神庙"。

公元 80 年，万神庙被焚毁。后来喜欢做建筑设计的阿德良皇帝（117—138 年在位）将它重建（120—124 年）。公元 609 年 3 月 16 日，当时的教皇将万神庙改为天主教堂，神龛中所有"异教"神的雕像都被毁掉了，庙名也被改为圣玛利亚教堂。

公元 667 年，拜占庭皇帝来到罗马后，震惊于万神庙的辉煌，下令掠走了万神庙穹顶上的所有镀金青铜板用于圣索菲亚教堂的修建，万神庙穹顶后来由另一位教皇用铅瓦代替。

但无论如何，作为人类历史上伟大的建筑，万神庙以其恢宏的气势、深邃的内涵，在世人心中将会是永恒的。

罗马斗兽场

Colosseum, Rome

地　　点：意大利罗马
建造时间：公元72—82年

　　这个用石头建起的罗马斗兽场，长轴188米，短轴156米，高57米，中央的"表演区"长轴86米，短轴54米，是罗马最大的环形竞技场。

　　从外部看，罗马斗兽场由3层的系列环形拱廊组成，最高的第4层是顶阁。这3层拱廊中的石柱分别是多立克式样、爱奥尼克式样和科林斯式样。在第4层的房檐下面排列着240个中空的凸出部分，它们是用来安插木棍以支撑"Velarium"的，Velarium是露天剧场的遮阳帆布，皇家舰队的水兵们负责把它撑起以帮助观众避暑、避雨和防寒，如此一来，大斗兽场便成为一座1世纪的圆顶剧场。

　　斗兽场由混凝土制的筒形拱券，每层80个拱，形成3圈不同高度的环形券廊（即拱券支撑起来的走廊），最上层则是50米高的实墙。看台逐层向后退，形成阶梯式。每层80个拱形成了80个开口，最上面两层则有80个窗洞。

↓ 残破的罗马斗兽场已不复往日的辉煌，但其雄风依旧，顽强地伫立着，宛如一位不屈的武士，静静地迎接着每一位来参观的游客。

↑当你走进斗兽场内部,凝视着那已空荡了数个世纪的看台时,耳畔是否又回响起勇士们当年厮杀搏斗的呐喊声?

↑罗马斗兽场一角

观众们入场时就按照自己座位的编号,首先找到应从哪个底层拱门入场,然后再沿着楼梯找到自己所在的区域,最后找到位子。整个斗兽场最多可容纳9万人,却因入场设计周到而不会出现拥堵混乱,这种入场的设计即使在今天的大型体育场也依然沿用着。

斗兽场表演区地底下隐藏着很多洞口和管道,这里可以储存道具和牲畜以及角斗士,表演开始时再将他们吊起到地面上。斗兽场甚至可以利用输水道引水。公元248年在斗兽场就曾这样将水引入表演区,形成一个湖,表演海战的场面,来庆祝罗马建立1000年。

建筑与人文：

建筑的维护

公元 217 年罗马斗兽场遭雷击引起大火，部分受到毁坏，但是很快在公元 238 年又被修复，继续举行人与兽或人与人之间的搏斗表演，这样的活动一直到公元 523 年才被完全禁止。公元 442 年和公元 508 年发生的两次强烈地震对斗兽场结构本身造成严重损坏，在中世纪时期该建筑物并没有受到任何保护，因此损坏进一步加剧，后来干脆被用来当作碉堡。15 世纪时教廷为了建造教堂和枢密院，竟然拆除了斗兽场的部分石料。1749 年罗马教廷以早年有基督徒在此殉难为由才宣布其为圣地，并对其进行保护。约翰·保罗二世教皇生前每年都会在此举行仪式纪念这些殉难的烈士，但是却没有历史证据显示确曾有基督徒在此殉道。

斗兽场

斗兽场是古罗马举行人兽表演的地方，角斗士要与一只野兽搏斗，直到一方死亡为止，也有人与人之间的搏斗。

根据罗马史学家狄奥·卡西乌斯的记载，公元 80 年斗兽场建成时罗马人举行了为期 100 天的庆祝活动，宰杀了 9000 只牲畜。

古罗马统治者组织、驱使 5000 头猛兽与 3000 名奴隶、战俘、罪犯上场"表演"、殴斗，这种人与兽、人与人的血腥大厮杀居然持续了 100 天，直到这 5000 头猛兽和 3000 个人同归于尽。无怪乎有人说，只要你在角斗台上随便抓一把泥土，放在手中一捏，就可以看到印在掌上的斑斑血迹。当年，古罗马著名的奴隶起义首领斯巴达克斯就是一名角斗士，他最初率领 78 个角斗士起义，很快发展到十多万人，在罗马各地坚持战斗达两年之久。这次奴隶起义给罗马奴隶制以沉重的打击，马克思曾赞誉斯巴达克斯是"整个古代史中最辉煌的人物"。

斯巴达克斯起义

斯巴达克斯起义是古罗马共和末期（公元前 73 年—公元前 71 年）由斯巴达克斯领导的大规模奴隶起义。这次起义是古罗马最大的一次起义，也是古代西方世界大规模奴隶反抗事件。

斯巴达克斯是色雷斯人。他在一次和罗马军队的战斗中被俘虏，被卖为奴隶。公元前 73 年被送往卡普亚城的一个角斗士训练所。在这里他暗中串联了 200 多名角斗士，希望通过战斗来换取自由。后来计划泄漏，只有 78 名角斗士逃往维苏威火山。他率领这些角斗士在山上建立营寨，并且四处袭击奴隶主庄园，各地奴隶和贫民纷纷投奔这里，队伍迅速扩大到 1 万多人。

罗马军队围困维苏威火山，起义军则用葡萄藤编了绳索沿峭壁而下，出其不意地击败了罗马军队。经过这一仗，起义队伍迅速扩大到 7 万多人。随后，起义军开始向北意大利进军，想击溃罗马军队的主力，在波河流域击败了山南高卢总督的军队，队伍发展到 12 万人。后来由于起义军内部分化，再加上未建补给地，最后被克拉苏打败，斯巴达克斯也壮烈就义。

斯巴达克斯的起义基本上是一次奴隶的反叛事件，由这件历史事件可以看出当时罗马奴隶制度是多么的残暴血腥。

比萨大教堂建筑群

Pisa Cathedral

地　　点：意大利托斯卡纳省比萨城
建造时间：11~13世纪
建筑风格：罗马风格建筑

比萨大教堂建筑群包括教堂（1063—1092年建）、洗礼堂（1153—1278年建）、钟塔（1174年建）和公墓（建于13世纪）四部分。大教堂是为纪念1062年打败阿拉伯人并攻占巴勒摩而建造的。该建筑群为意大利罗马风格建筑的主要代表，也是中世纪意大利所建建筑物中最重要的一组。

大教堂由雕塑家布斯凯托·皮萨诺于1063年开始建造，两个世纪后由另一雕塑家雷纳多完成。平面为"拉丁十字"形，全长95米，纵向有4排柱子。中厅用木屋架，侧廊用十字架，平面十字交叉处上方为椭圆形穹顶。正立面高约32米，有四层连列券柱廊作装饰，第一排柱廊两端立着两个传道者，第4层顶端立着怀抱圣婴耶稣的圣母，两侧为两个天使。入口处有3个大铜门，上面布满雕塑，描绘了圣母和耶稣的一生。

↓作为罗马建筑风格的主要代表，比萨大教堂建筑群至今矗立在比萨城中供世人瞻仰。

　　洗礼堂位于教堂前面，1153年开始兴建，1841—1856年重建。与教堂在同一轴线上，其正门与教堂正门相对。平面圆形，直径为35.4米，总高54米。立面分为3层，上两层为连列券柱廊，后经改造，增添了一些哥特式细部。圆顶上矗立着3.3米高的施洗礼者圣约翰铜像。

　　钟塔在大教堂圣坛东南二十多米处，这座钟塔也就是举世著名的"比萨斜塔"。1173年由当时著名建筑师博纳诺·皮萨诺始建，动工五六年后，因发现已建好的3层塔身开始倾斜而停工。90年后由另一建筑师焦旺尼·迪·西蒙内恢复建塔，他曾试图将塔身调直，未果。在他死后，直到1350年才由另一著名建筑师托马索·皮萨诺最后完成。

　　钟塔平面为圆形，直径15.8米，高56米，分为8层。底层只在墙上做浮雕，是连列券柱，顶上一层向内收缩，中间6层均围以同样的连列券柱廊。现在钟塔顶部已南倾5.3米，斜度为5度6分。根据勘查，得知系由地质松软造成地基塌陷所致，至今仍有不断倾斜趋势。

　　公墓在教堂西北侧，埋葬着六百多个中世纪比萨上层人物和其他公民。

　　这几幢建筑物形体各异，对比强烈，变化丰富，但他们的构图手法又甚为统一，均用连列券柱廊为饰，并均以深红色和白色大理石相间砌成，色彩十分明快。

→ 比萨斜塔就这样斜斜地伫立了几百年，阅尽了人世的沧桑，至今仍有不断倾斜的趋势。

建筑与人文：
比萨斜塔倾斜原因和趋势

几个世纪以来，钟楼的倾斜问题始终吸引着无数好奇的游客、艺术家和学者，使得比萨斜塔闻名世界。

比萨斜塔为什么会倾斜，专家们曾为此争论不休。尤其是在 14 世纪，人们在两种论调中徘徊，比萨斜塔究竟是建造过程中无法预料和避免的地面下沉累积效应的结果，还是建筑师有意而为之。进入 20 世纪，随着对比萨斜塔越来越精确的测量、使用各种先进设备对地基土层进行深入勘测，以及对历史档案的研究，一些事实逐渐浮出水面：比萨斜塔在最初设计中本应是垂直的建筑，但是在建造初期就开始偏离了正确位置。

比萨斜塔之所以会倾斜，是由于它地基下面土层的特殊性造成的。比萨斜塔下有好几层不同材质的土层，由各种软质粉土的沉淀物和非常软的黏土相间形成，而在深约 1 米的地方

↑ 比萨大教堂建筑群

则是地下水层。这个结论是在对地基土层成分进行观测后得出的。最新的挖掘表明，钟楼建造在了古代的海岸边缘，因此土质在建造时便已经沙化和下沉。

根据现有文字记载，比萨斜塔在几个世纪以来的倾斜是缓慢的，它和它地基下方的土层实际上达到了某种程度上的平衡。在建造的第一阶段第 3 层结束时，钟塔向北倾斜约 0.25 度，在第二阶段由于纠偏过度，1278 年第 7 层完成时反而向南倾斜约 0.6 度，1360 年建造顶层钟房时增加到 1.6 度。1817 年，两位英国学者 Cresy 和 Taylor 用铅垂线测量倾斜，那时的结果是 5 度。1550 年 Giorgio Vasari 的勘测与 1817 年 Cresy 和 Taylor 的勘测之间相隔 267 年，倾斜仅增加了 5 厘米。因此人们也没有对斜塔进行特意的维修。

然而 1838 年的一次工程导致比萨斜塔突然加速倾斜，人们不得不采取紧急维护措施。当时建筑师 Alessandro della Gherardesca 在原本密封的斜塔地基周围进行了挖掘，以探究地基的形态，揭示圆柱柱础和地基台阶是否与设想的相同。这一行为使得斜塔失去了原有的平衡，地基开始开裂，最严重的是发生了地下水涌入的现象。这次工程后的勘测结果表明倾斜加剧了 20 厘米，而此前 267 年的倾斜总和不过 5 厘米。

1838 年的工程结束以后，比萨斜塔的加速倾斜又持续了几年，然后又趋于平稳，减少到每年倾斜约 1 毫米。

伽利略的自由落体实验

传说1590年，出生在比萨城的意大利物理学家伽利略，曾在比萨斜塔上做自由落体实验，将两个重量不同的球体从相同的高度同时扔下，结果两个铅球几乎同时落地，由此发现了自由落体定律，推翻了此前亚里士多德认为的重的物体会先到达地面，落体的速度同它的质量成正比的观点。

但是，伽利略的两个球体并非像传说中的那样一起落下，即使重力加速度不变，两个球体受到空气阻力影响，也是不会同时落地的。这也就是为什么鹅毛和铅球不会一起降落的原因。由于受到空气阻力，两个球体不能看作自由落体。但是伽利略的实验理论是正确的，在真空中，无论多重的物体，都遵循自由落体定律。

↑ 伽利略，17世纪意大利著名天文学家。

伽利略在比萨斜塔做自由落体实验的故事，记载在他的学生维维安尼于1654年写的《伽利略生平的历史故事》（1717年出版）一书中，但伽利略、比萨大学和同时代的其他人都没有关于这次实验的记载。对于伽利略是否在比萨斜塔做过自由落体实验，历史上一直存在着支持和反对两种不同的看法。

另据记载，1612年曾有一个人在比萨斜塔上做过这样的实验，但他是为了反驳伽利略而做这个实验的，结果是两球并没有同时到达地面。

伽利略

伽利略是意大利物理学家、天文学家和哲学家，近代实验科学的先驱者。

1590年，伽利略在比萨斜塔上做了"两个铁球同时落地"的著名实验，从此推翻了亚里士多德"物体下落速度和重量成比例"的学说，纠正了这个持续了1900年之久的错误结论。

1609年，伽利略创制了天文望远镜（后被称为伽利略望远镜），并用来观测天体，他发现了月球表面的凹凸不平，并亲手绘制了第一幅月面图。1610年1月7日，伽利略发现了木星的4颗卫星，为哥白尼学说找到了确凿的证据，标志着哥白尼学说开始走向胜利。借助于望远镜，伽利略还先后发现了土星光环、太阳黑子、太阳的自转、金星和水星的盈亏现象、月球的周日和周月天平动，以及银河是由无数恒星组成等。这些发现开辟了天文学的新时代。

伽利略著有《星际使者》、《关于太阳黑子的书信》、《关于托勒密和哥白尼两大世界体系的对话》和《关于两门新科学的谈话和数学证明》。

为了纪念伽利略的功绩，人们把木卫一、木卫二、木卫三和木卫四命名为伽利略卫星。人们争相传颂："哥伦布发现了新大陆，伽利略发现了新宇宙。"

威尼斯总督府

Doge's Palace

地　　点：意大利威尼斯
建造时间：1309—1424年
建筑风格：哥特式
结构形式：拱券式

威尼斯总督府是为纪念威尼斯打败劲敌热那亚和土耳其而兴建的建筑物。

平面是四合院式的，南面临海，长约74.4米，西面朝广场，长约85米，东面是一条狭窄的河。主要的房间在南边，一字排开。大会议厅在第二层，54米×25米，高15米。结构都是拱券式。

总督府的主要成就在南立面和西立面的构图。立面高约25米，分3层。第一层是券廊，圆柱粗壮有力。最上层的高度大约占整个高度的1/2，除了相距很远的几个窗子之外，全是实墙。墙面用小块的白色和玫瑰色大理石片贴成斜方格的席纹图案，没有砌筑感，从而消除了重量感。除了窄窄的窗框和细细的墙角壁柱，没有线脚和雕饰。大理石光泽闪烁，墙面犹如一幅绸缎。因此，这一层高高的实墙并没有给下面的券廊过重的负担。这种墙面的处理手法，显然受到伊斯兰建筑的影响。

　　第二层券廊担当了上下两层间的过渡任务。它比底层多一倍柱子，比较封闭一些，而它上面一列圆形小窗的透空度又更小些，是券廊和实墙之间很好的联系者。所有的券是尖的或者火焰式的，也有伊斯兰建筑的风味。圆窗是哥特式的，它们同第二层券廊的火焰形券一起组成了非常华丽的装饰带。

　　这两个立面的构图极富有独创性，奇光异彩，世界建筑史中几乎没有可以类比的例子。它们是盛装浓饰的，却又天真纯朴；它们是端庄凝重的，却又快活轻巧，似乎时时在变化着它的性格。

→ 威尼斯总督府入口的装饰物

↓ 威尼斯总督府入口

佛罗伦萨主教堂

Florence Cathedral

地　　点：意大利佛罗伦萨
建造时间：1334—1420年
建 筑 师：菲利普·伯鲁乃列斯基
建筑风格：文艺复兴建筑
评　　价：佛罗伦萨主教堂的穹顶被公正地认为是意大利文艺复兴建筑的第一个作品，新时代的第一朵报春花。

从这个角度可以清晰看到教堂外部的大理石贴面。

佛罗伦萨主教堂于1296年动工，它所在的地段本是污秽不堪的垃圾场。它的形制很有独创性，虽然大体还是拉丁十字式的，但突破了教会的禁制，把东部歌坛设计成近似集中式的。教堂内部空阔开敞，西半部大厅长近80米，只分为4间，柱墩间距在20米左右，中厅的跨度也是20米。东部的平面很特殊。歌坛是八边形的，对边的距离和大厅的宽度相等，42米左右。在它的东、南、北三面各凸出大半个八角形，明显呈现了以歌坛为中心的集中式平面。这是一个形制上的重要创新，在15世纪之后得到发展。歌坛上的穹顶因为技术难题直到15世纪上半叶才建起来。教堂内部很朴素。

主教堂西立面之南有一个盘面13.7米见方的钟塔（建于1384—1387年），高达84米，是画家乔托设计的。教堂对面还有一个直径27.5米的八边形洗礼堂（建于1290年），内部由穹顶覆盖，高31米多，顶部外表则是平缓的八边形锥体。与比萨的一样，建筑群也包括主教堂、洗礼堂和钟楼。

主教堂的正面、洗礼堂和钟塔都以各色大理石贴面，在不大的市中心广场上构成形体丰富多变而又和谐统一的景色，它是中世纪意大利城市中心广场中最壮丽的。主教堂歌坛上的穹顶在完成之后与钟塔一起成为城市外轮廓线的制高点。

建筑与人文：

穹顶的构造奇迹

在结构上为突出穹顶，砌了12米高的一段鼓座。把这样大的穹顶放在鼓座上，这是前所未有的。虽然鼓座墙厚4.9米，但还必须采取有效措施减小穹顶的侧推力，减小它的重量。于是采取了两个办法：一、穹顶轮廓采用双圆心矢型；二、用骨架券结构，穹面分里外两层，中间是空的。这两点不仅借鉴了古罗马的经验，也借鉴了哥特式建筑的经验，但它又是全新的创造。

在八边形的8个角上升起8个主券，8个边上又各有两根次券。每两根主券之间由下至上水平地砌9道平券，把主券、次券连成整体。大小券在顶上由一个八边形的环收束。环上压采光亭。这些都由大理石砌筑。

穹顶的大面就依托在这套骨架上，下半部是石头砌的，上半部是砖砌的。它的里层厚2.13米，外层下部厚78.6厘米，上部厚51厘米。两层之间的空隙宽1.2～1.5米左右，空隙内设阶梯供攀登。有两圈水平的走廊，分别位于穹顶高度大约1/3和2/3的位置。它们也能起加强两层穹顶的联系作用。从上面一圈走廊可以循内层穹顶外皮上的踏步走到采光亭去。

佛罗伦萨主教堂的穹顶是世界最大的穹顶之一。它的结构和构造的精致远远超过了古罗马和拜占庭的穹顶。结构的规模也远远超越了中世纪。它体现了结构技术的空前成就。

这个穹顶的施工也是一项伟大的成就。它的起脚高于室内地平55米，顶端底面高91米（或说88米）。据瓦萨里（1511—1574年，意大利画家、建筑师、传记作家）记载，这样的高空作业，脚手架搭得十分简洁，很省木材，然而又很适用。为了节约工人们上下的时间，甚至在上面设了小吃部，供应食物和酒。

又据说穹顶下部高17.5米（或说13.5米）的一段没有用模架，而上面一半也很简便，可能是悬挂式的。伯鲁乃列斯基创造出一种垂直运输机械，利用了平衡锤和滑轮组，以致用一头牛就可以做一般要6头牛才能做的功。

因为这项工程的困难程度显而易见，所以当伯鲁乃列斯基提出他的设计方案时，曾经被人认为发了疯，竟至被撑出会场。工程开始后，又有人以为100年也造不成，但实际上只用了十几年就造成了，过程中并没有发生意外的事件。

↓ 佛罗伦萨主教堂的歌坛穹顶是一个难题，直到建筑开工11年后才告完工。

穹顶的历史意义

这座穹顶的历史意义是：第一，天主教会把集中式平面和穹顶看作异教庙宇的形制，严加排斥，而工匠们竟置教会的戒律于不顾。虽然当时天主教会的势力在佛罗伦萨很薄弱，但仍需要很大的勇气，很高的觉醒，才能这样做。因此，它是在建筑中突破教会精神专制的标志；第二，古罗马的穹顶和拜占庭的大型穹顶，在外观上是半露半掩的，还不会把它作为重要的造型手段。但佛罗伦萨的这一座，借鉴拜占庭小型教堂的手法，使用了鼓座，把穹顶全部表现出来，连采光亭在内，总高107米，成为整个城市轮廓线的中心。这在西欧是前无古人的。因此，它是文艺复兴时期独创精神的标志；第三，无论在结构上还是在施工上，这座穹顶的首创性的幅度是很大的，这标志着文艺复兴时期科学技术的普遍进步。

16世纪的传记作家、建筑师瓦萨里曾热情地说，这个穹顶同四郊的山峰一样高，老天爷看了嫉妒，一次又一次地用疾雷闪电轰击它，但它屹立无恙。

文艺复兴建筑风格

　　文艺复兴建筑是欧洲建筑史上继哥特式建筑之后出现的一种建筑风格。15世纪产生于意大利，后传播到欧洲其他地区，形成带了有各自特点的各国文艺复兴建筑。

　　文艺复兴建筑最明显的特征是扬弃了中世纪时期的哥特式建筑风格，而在宗教和世俗建筑上重新采用古希腊罗马时期的柱式构图要素。

　　文艺复兴时期的建筑师和艺术家们认为，哥特式建筑是基督教神权统治的象征，而古代希腊和罗马的建筑是非基督教的。他们认为这种古典建筑，特别是古典柱式构图体现着和谐与理性，并同人体美有相通之处，这些正符合文艺复兴运动的人文主义观念。

　　但是意大利文艺复兴时代的建筑师绝不是食古不化的人。虽然有人（如帕拉第奥和维尼奥拉）在著作中为古典柱式制定出严格的规范，不过当时的建筑师，包括帕拉第奥和维尼奥拉本人在内并没有受规范的束缚。他们一方面采用古典柱式，一方面又灵活变通，大胆创新，甚至将各个地区的建筑风格同古典柱式融合一起。他们还将文艺复兴时期的许多科学技术上的成果，如力学上的成就、绘画中的透视规律、新的施工器具等，运用到建筑创作实践中去。

　　在文艺复兴时期，建筑类型、建筑形制、建筑形式都比以前增多了。建筑师在创作中既体现统一的时代风格，又十分重视表现自己的艺术个性。总之，文艺复兴建筑，特别是意大利文艺复兴建筑，呈现空前繁荣的景象，是世界建筑史上一个大发展和大提高的时期。

　　一般认为，15世纪佛罗伦萨大教堂的建成，标志着文艺复兴建筑的开端。而关于文艺复兴建筑何时结束的问题，建筑史界尚存在着不同的看法。有一些学者认为一直到18世纪末，有将近四百年的时间属于文艺复兴建筑时期。另一种看法是意大利文艺复兴建筑到17世纪初就结束了，此后转为巴洛克建筑风格。

　　意大利以外地区的文艺复兴建筑的形成和延续呈现着复杂、曲折和参差不齐的状况。建筑史学界对其他各国文艺复兴建筑的性质和延续时间并无一致的见解。尽管如此，建筑史学界仍然公认，以意大利为中心的文艺复兴建筑，对以后几百年的欧洲及其他许多地区的建筑风格都产生了广泛持久的影响。

罗马音乐厅

Rome Concert

地　　点：意大利罗马
建造时间：1995—2002年
建 筑 师：伦佐·皮亚诺

罗马音乐厅是个多功能的复合式音乐厅，由3个伫立在大片植栽丛状似八音盒的演奏厅所构成。

音乐厅于1995年开始兴建，因开挖时发现公元前6世纪的遗迹，为了保护遗迹，建筑师立刻变更设计，将配置上原本两两呈60度的音乐厅变更为90度，让音乐厅与历史遗迹共存。最大的一个厅以音乐之神圣·切齐利亚命名，共有座位2756个；规模属于中等的是以著名作曲家西诺波利命名的，有1200个座位；最小的厅有700个座位。3个音乐演奏厅呈品字形等距离相立，内部由一半圆形通道相连，通道顶上形成一个半圆形梯形看台，看台下面是一个半圆形广场，类似古罗马的露天剧场，3个大厅的顶部造型更是独特，木制构架，铅板封顶，酷似3把琴弦朝下的琵琶，体现出建筑的音乐特色。

↓外形奇特的罗马音乐厅

在圣·切齐利亚厅里，专门采用美国樱桃木吊顶，使音响效果达到最佳状态。这里不仅可以上演交响音乐会，而且还可演出话剧。西诺波利厅的舞台可根据演出需要而变化调整，既可接待舞蹈演出，又可安排戏剧表演，有很强的适应性。

↑→罗马音乐厅是伦佐·皮亚诺的经典之作。

音乐厅的主要材料使用的是罗马当地最基本的三大材料：一是罗马城市随处可见的石材，二是古罗马建筑常用的砖，三是铅。这些材料主要用在音乐厅的屋顶。除了3个室内演奏厅之外，还有一个可以容纳300人、会让人联想到古罗马圆形竞技场的户外音乐厅。

户外音乐厅造型像碗，这样使得整个布局如同3只甲虫在一个碗里吃东西而得到统一。露天剧场上层踏步式座位的下面是地下大厅，它连接各音乐厅，有通向各个音乐厅的入口。地下大厅同样环绕着露天剧场的后面，并可俯视露天剧场的下层台阶和舞台。该舞台是整个设计方案的中心焦点，也是倾斜露天市场的末端，这个露天市场的内容是一个城市空间，旁边有咖啡馆，由北面的街道延伸至此。

建筑与人文：
伦佐·皮亚诺

伦佐·皮亚诺于1937年出生于意大利热那亚一个建筑商世家，皮亚诺的祖父、父亲、四位叔伯和一个兄弟都是建筑商人，当他还是个小男孩时，就爱在工地上攀来爬去，对沙石神奇地变成房屋与桥梁惊诧不已。1964年，皮亚诺从米兰科技大学获得建筑学学位，开始了他的建筑师职业生涯。

1971年，一个工程商建议皮亚诺与罗杰斯合作参加巴黎的蓬皮杜中心国际竞赛，他们最终赢得了这个竞赛。活泼靓丽、五彩缤纷的通道，加上晶莹透明、蜿蜒曲折的电梯，使得蓬皮杜中心成了巴黎公认的标志性建筑之一。自蓬皮杜项目之后，皮亚诺以他层层叠叠的建筑图纸赢得了世界性的声誉。

皮亚诺注重建筑艺术、技术以及建筑周围环境的结合。他的建筑思想严谨而抒情，在对传统的继承和改造方面，大胆创新，勇于突破。皮亚诺用现代主义的表现手法实现了先辈大师如达·芬奇、米开朗琪罗同样深远的理想———人、建筑和环境完美的和谐，并以热诚的态度关注着建筑的可居住性与可持续发展性。

在皮亚诺的作品中，广泛地体现着各种技术、材料和各种思维方式的碰撞，这些活跃的散点式的思维方式是一个真正具有洞察力的大师和他所率领的团队奉献给全人类的礼物。

正如为皮亚诺撰写了卷帙浩繁的生平传记的作家皮特·布坎南所言，皮亚诺的伟大之处在于，他的建筑作品没有一个固定的模式。与其他建筑师一望即知的建筑模式不同，皮亚诺作品的识别标志是它们没有识别标志。皮亚诺本人对于那些排斥教条和主义的年轻建筑师们来讲是一个榜样和激励，他的作品没有浮夸的表情，透露出稀有而温暖的人文精神，执着地关心着天空、大地和人的内心，在现在这种一味张扬个性、标榜自我的大潮流下显得冷静而清醒。

在白宫举行的普利策奖颁奖晚会上，皮亚诺说道："你可以不去读糟糕的书，也可以不去听糟糕的音乐，但你不能不天天去面对你家门前丑陋不堪的高楼大厦。1945年战后重建的奇迹开始时，我正好7岁。当时的社会打着发展和现代化的旗号，说了并做了许多极其愚蠢的事。但对我们这一代人来说，'发展'一词确实意味着某些东西。

"我们在一年年的时光流逝中渐渐远离了战争的恐惧，我属于终其一生不断尝试新方法的那一代人，什么清规戒律、条条框框都不放在眼里，我们喜欢推倒一切重来，不断地冒险，也不断地犯错误。

"但同时，我们也热爱我们的过去。所以，一方面我们对过去充满了感激，另一方面又对未来的尝试与探险充满了热情。因此我们乘风破浪，永无止息地超越过去。"

从业三十余年的皮亚诺，巴黎马莱区的工作室让他体会到活跃的社会生活，感受社会前进的脉搏，而在他的家乡热那亚，有他的童年和梦想，那里是他理想的起点和源泉。那个坐落在大海与山岩之间有着蝴蝶翅膀般屋顶的半岩半船形工作室，是他心灵宁静的港湾。他的设计生活，在热闹与安静之间、严谨与写意之间、理性与情感之间交替游弋。

圣彼得大教堂

Saint Peter's Church

地　　点：梵蒂冈
建造时间：1506—1626年
总　面　积：23000万平方米
建筑风格：巴洛克

　　圣彼得大教堂由教堂、梯形广场和圣彼得广场组成。
　　圣彼得大教堂不但以规模庞大而闻名于世，更以著名画家米开朗基罗所绘的壁画吸引了世界上成千上万的游人。
　　1505年，教皇朱里阿二世想为自己建造一座伟大的墓堂，他将该地原有的一座老教堂拆除，公开征求设计方案，结果伯拉孟特十字形平面方案中选。这项设计的中央穹隆是参照罗马万神庙设计的，只是增加了灯塔型的窗户及围廊。以后又经拉斐尔、米开朗琪罗等人多次修改，才最后定型。中央穹隆就是按米开朗琪罗遗下的模型制作的，未曾完工即已开裂，后不得不用金属腰箍加固。
　　圣彼得大教堂平面为十字形，长182.88米，中殿宽25.6米，分4个跨间。"十"字交叉处为整个教堂的中心——祭坛。祭坛用大理石和黄金饰物雕琢点缀，是教皇做弥撒的所在。祭坛上方是庞大的圆形穹顶。穹隆内径为41.75米，承托穹隆的是4根18.3米见方的石柱。穹隆分两层，内部分16格，每格都有米开朗琪罗绘制的人物画像。

↑ 从圣彼得教堂俯瞰圣彼得广场

教堂前面是著名的圣彼得广场，由建筑师贝尔尼尼设计，1667年建成。广场略呈椭圆形，四周有柱廊围绕，柱高18米，廊顶有平台和石栏杆，内侧的石柱上矗立着140尊人物雕像。广场中央耸立着一块方尖石碑，高30米，重327吨，是公元37年由埃及运至罗马的，又于1586年动用800名工人和140匹马，将碑移至现在的位置。该广场可以容纳50万人，是罗马教廷举行大型宗教活动的地方。

→ 圣彼得教堂可同时容纳5万人。

建筑与人文：
圣彼得的故事

↑ 大殿正门前的圣保罗雕像

彼得是耶稣的12门徒之一。跟随耶稣前，他是加利利海岸边的一个渔民。耶稣告诉人们，地球上所有的人都是同一个上帝的孩子，彼此之间都是兄弟。储藏在"守财奴"那里的财宝是毫无意义的，很容易被偷去，只有使自己的心灵永远成为善行和崇高思想的库房，才能永存。于是，彼得就丢下自己的工作，抛弃温暖的家庭，死心塌地跟随耶稣，栉风沐雨，风餐露宿，受尽艰辛，到处传播上帝的福音，解除人类的苦难和病痛。但更使他们痛苦的，还是精神上的折磨。在传教当中，他们常常受到误解和歧视，有时得四处躲避官方的追捕。尽管如此，彼得从来没有退缩，甚至连后悔的念头都没闪过一次。他成为耶稣最喜爱的门徒。后来门徒中出了个叛徒犹大，他出卖了耶稣。在耶稣被捕的时候，彼得出于一时的胆怯，矢口否认他认识耶稣。这次的胆怯行为给他的一生蒙

↑ 教堂内的"圣母哀悼基督"雕像

上了巨大阴影，他一辈子都因此不能原谅自己。耶稣死后，他把整个生命都投入到耶稣留下的事业中，兢兢业业，呕心沥血，终于成为一个非常成功的传教士。伟大的彼得去世以后，被安葬在今天叫梵蒂冈的这个地方。为了纪念这位杰出的圣徒，罗马皇帝君士坦丁在这个地方修了一座教堂，叫圣彼得大教堂。

巴洛克建筑

西方艺术史上的一种艺术风格。16世纪末期产生于意大利，17世纪盛行整个欧洲，18世纪初期在德、奥等国仍有较大的影响。巴洛克风格表现在各个艺术领域，内涵也极为复杂。但最基本的特点是打破文艺复兴时期的严肃、含蓄和均衡，崇尚豪华和气派，注重强烈情感的表现，气氛热烈紧张，具有刺人耳目、动人心魄的艺术效果。一直到19世纪中叶都是用于贬义而非艺术风格的名称。1888年H.韦尔夫林发表《文艺复兴运动与巴洛克》一书，对巴洛克风格作了系统论述，从此确定了巴洛克作为一种艺术风格的概念。20世纪西方学者对巴洛克作了更为深入的研究，赋予它不同的意义，但把它当作一种艺术风格理解仍是主流。

巴洛克建筑的特点是运用矫揉的手法（如断檐、波浪形墙面、重叠柱等）以及透视深远的壁画、姿势夸张的雕像，使建筑在透视和光影的作用下产生强烈的艺术效果。追求豪华的内部装饰和动势与起伏的形态，将建筑、雕塑、绘画融为一体。

雅典卫城

The Acropolis of Athens

地　　点：希腊雅典
建造时间：始建于公元前580年

　　雅典城得名于女神雅典娜，而卫城则是供奉雅典娜的地方，原为雅典奴隶主的城堡，公元前5世纪雅典奴隶制民主政治时期改建为宗教活动中心。它位于雅典城中心偏南的一个陡峭的山岗上，仅西面有一通道盘旋而上。山顶大致平坦，高于平地70~80米，东西长约280米，南北最宽处约130米。卫城在西方建筑史中被誉为建筑群体组合艺术中的一个极为成功的实例。

　　卫城的建筑与地形结合紧密，极具匠心。它主要由帕提侬神庙、卫城山门、雅典娜胜利女神神庙和伊瑞克先神庙组成。建筑群的结构以至多个局部的安排都与这基座自然的高低起伏相协调，构成完整的统一体。帕提侬神庙是整个建筑群中的主体建筑，整体布局是非对称性的，没有轴线，

↓阳光下静谧的雅典卫城

呈自然状态,与风景一起嵌入和谐的画框里。它采取八柱的多立克式,东西两面是8根柱子,南北两侧则是17根,东西宽31米,南北长70米。帕提侬神庙的设计代表了全希腊建筑艺术的最高水平。卫城建筑群的一个重要革新是突破小小城邦国家和地域的局限性,综合了多立克艺术和爱奥尼艺术。这是和雅典作为全希腊的政治、文化中心的地位相适应的。两种柱式的建筑物共处,丰富了建筑群。

卫城山门即雅典卫城的入口,建于公元前437—前431年,由尼西克利斯设计。这是一座大理石建筑,中间是宽大的门廊,两边是柱廊,通往卫城的圣道即由此开始。门廊的两翼不对称,北翼过去曾是绘画陈列馆,南翼是敞廊。土耳其人占领时期,曾将山门作为火药库,土耳其总督也曾在此居住。1640年,山门因遭雷击而受到严重破坏。

1687年,雅典卫城毁于意大利和土耳其的战争中。现在只能看到神庙大部分石柱、部分殿堂和城堡的雄伟山门。

恩格斯曾赞美:"希腊的建筑如灿烂的阳光照耀着白昼。"而雅典卫城更是浓缩了古代希腊文明的精华,它是公元前5世纪中期古代希腊文明辉煌的象征。

↑希罗德·阿提库斯剧场始建于公元161年,至今仍在使用。

↑残破的雅典卫城的城门见证了雅典的千年历史。

↑雅典卫城依山而建。

↑夕阳下的雅典卫城

帕提侬神庙

Parthenon Temple

地　　点：希腊雅典
建造时间：前447—前432年
总 面 积：2100平方米
建 筑 师：伊克底努和卡里克拉

　　帕提侬神庙是卫城中最主要的建筑物，它不仅是宗教圣地，而且是雅典的国家财库和档案馆。它象征着雅典在与波斯帝国的战争中所取得的胜利。
　　帕提侬神庙作为建筑群的中心，要从几个方面去突出它：第一，把它放在卫城最高处，距山门80米左右，一进山门，就有很好的观赏距离；第二，它是希腊本土最大的多立克式庙宇，它打破了希腊神庙正立面6根柱子的传统习惯，大胆地应用了八根柱子，侧立面是17根柱子，高度为10.4千米，底径1.905米，台基面积为30.89米×69.54米；第三，它是卫城上唯一的围廊式庙宇，形制最隆重；第四，它是卫城上最华丽的建筑物，全部用白大理石砌成，铜门镀金，山墙尖上的装饰是金的，陇间板、山花和圣堂墙垣的外檐壁上满是雕刻。瓦垱、柱头和整个檐部，包

↑ 帕提侬神庙代表了雅典古典建筑的最高水平。

括雕刻在内，都有浓重的色彩，以红蓝为主，夹杂着金箔。

神庙正殿的内部使用了两排双层迭柱的手法，最后面用三根柱子连接起来，形成一个围廊，增强了轴线、突出了神像的空间。正殿神像的后面是一堵墙，隔出一个西向的完整空间，里面用四根爱奥尼柱支撑着屋顶。爱奥尼柱式和多立克柱式在一座建筑中同时使用，这还是希腊建筑中现存的首例。

帕提侬代表着古希腊多立克柱式的最高成就。

↑ 西边柱间壁的细部彰显了神庙经过2500年的战争、污染、不稳定的保护、掠夺、破坏后的现状。

希腊神话

帕提侬原意为"处女宫"，伊瑞克提翁是传说中雅典人的始祖。

希腊神话包括神的故事和英雄传说两个部分。神的故事涉及宇宙和人类的起源、神的产生及其谱系等内容。相传古希腊有奥林匹斯12大神：众神之主宙斯、天后赫拉、海王波塞冬、智慧女神雅典娜、射术神及光明神阿波罗，狩猎女神与月神阿尔忒弥斯，爱与美之神阿弗罗狄忒，战神阿瑞斯，火神与工匠神赫淮斯托斯，神使赫尔墨斯，农神德墨忒尔，灶神赫斯提亚。他们掌管自然和生活的各种现象与事物，组成以宙斯为中心的奥林匹斯神统体系。

英雄传说起源于对祖先的崇拜，是古希腊人对远古历史和对自然界斗争的一种艺术回顾。这类传说中的主人公大都是神与人的后代，半神半人的英雄。他们体力过人，英勇非凡，体现了人类征服自然的豪迈气概和顽强意志，成为古代人民集体力量和智慧的化身。最著名的传说有赫拉克勒斯的12件大功、伊阿宋取金羊毛等。

希腊神话中的神与人同形同性，既有人的体态美，也有人的七情六欲，懂得喜怒哀乐，参与人的活动。神与人的区别仅仅在于前者永生，无死亡期；后者生命有限，有生老病死。希腊神话中的神个性鲜明，没有禁欲主义因素，也很少有神秘主义色彩。因此，希腊神话不仅是希腊文学的土壤，而且对后来的欧洲文学也产生了深远的影响。

伊瑞克提翁神庙

Erechtheion Temple

地　　点：希腊雅典
建造时间：公元前421—前406年
建 筑 师：皮忒欧

　　神庙基址本是一块神迹地，南北向和东西向的断坎相交成直角，断坎之下有相传是雅典娜手植的橄榄林，有波塞冬和雅典娜争夺对雅典的保护权时用三叉戟蹾地而成的井，有传说中雅典人的始祖伊瑞克提斯的墓。断坎落差很大，在这儿建庙，匠师们表现出了极大的勇于创新的精神，绵密的构图能力和蔑视困难的坚强信心。

　　他们选择了最恰当的位置：圣堂横跨在南北向的断坎上，南墙正在东西向断坎的上沿。东部是雅典娜正殿，前面 6 根柱子。西部是伊瑞克提斯的墓，比东部低 3.206 米。它的南面完全展现在游人之前，为了保持形象的简练完整，保持主体足够的大小，它不能像山门那样把东西两部错落成两段，所以在西立面造了 4.80 米高的基座墙，再于上面立柱廊。于是，西部的正门只能朝北。在北门前造了面阔三间的柱廊，恰好覆盖了波赛顿的井和古老的宙斯祭坛。为了照顾山下的观瞻，北柱廊进深两间，向前凸出到离山顶边缘只有 11 米。这样，从东、西两端看也更匀称一点。

→ 用来供奉雅典娜的伊瑞克提翁神庙具有阴柔的建筑色彩。

← 曾经辉煌一时的伊瑞克提翁神庙，如今只剩残垣断壁。

南立面是一大片封闭的石墙。为了接引从帕提侬西北角过来的仪典队伍，在这片墙的西端造了一个小小的女郎柱廊，也是面阔三间，进深两间，用六个2.1米高的端丽娴雅的女郎雕像做柱子。它同时巧妙地克服了西立面和南立面因断坎而造成的构图上的脱节。它和大片石墙之间的光影和形体强烈对比，使石墙不再沉闷枯燥，也使女郎雕像得到明确衬托。

伊瑞克提翁神庙的各个立面变化很大，体形复杂，但都构图完整均衡，而且各立面之间互相呼应，交接妥善，圆转统一。

伊瑞克提翁是爱奥尼柱式的代表。它东面柱廊的柱子高6.583米，底径0.692米，细长比为1:9.5。开间净空2.05个底径。柱头高度缩小为0.613个底径，涡卷坚实有力。角柱柱头在正面和侧面各有一对涡卷，转角上的涡卷斜向45度伸出，使正、侧面连续。

建筑与人文：
古希腊神庙的兴建

　　早期的希腊建筑秉承了欧洲传统，大量地使用石头。这与当地盛产石头有直接的关系。古希腊人对石头的使用非常成功，已经能够处理重达120吨的巨石。

　　多立安人（后来的希腊民族三支中的一支）入主希腊后，将米诺斯文明和迈锡尼文明毁灭殆尽。当文明的希腊人从噩梦中醒来时，300年的光阴已经悄然而逝。后人将这段文化上的空白称为"黑暗时代"。

　　迄今为止，最早的希腊神庙应是大约公元前800年建于亚哥斯的赫拉神庙，类似的建筑形制可追溯到"黑暗时代"以前。公元前1300年建造的提林寺卫城的迈加隆厅就采用了类似的形制：正面由柱子支撑着门廊，上面是三角形的斜屋顶。柱子支撑着的门廊可能受埃及建筑的影响，而这三角形的斜屋顶最为特殊。米诺斯、迈锡尼的房屋屋顶都是平的，提林斯的屋顶为什么变成了三角形？有人认为，这可能是为了让雨水更容易流下来。

　　神庙从无到有，从小到大。到了古典时代（约公元前6—公元前4世纪），神庙的形制渐渐固定。门廊把整个神庙都围了起来，柱子的数量和形制也渐渐定型。神庙内部主要分为两部分：前半部分是大厅，通常用于安放巨大的神像；后半部分是密室和祭坛。这与埃及神庙的结构有点相似。装饰的区域及雕刻的纹饰也相对固定下来。神庙的装饰主要集中在山墙、檐壁和檐壁内侧。山墙上的装饰称为山花，一般是一组神像；檐壁的装饰称为排档间饰，一般是深浮雕；檐壁内侧的装饰称为中楣，一般为浅浮雕。山花和排档间饰一般用来表现神的功绩，中楣则表现人。建筑物成为古希腊雕刻艺术的主要载体。

→ 处女门廊独特的女体柱状建筑是伊瑞克提翁的一大特色，是为了凸显该神庙是供奉雅典娜的。

科尔多瓦大清真寺

Great Mosque of Cordoba

地　　点：西班牙科尔多瓦
建造时间：公元784年开始修建
建 筑 师：阿卜杜拉·拉赫曼
建筑风格：伊斯兰建筑

科尔多瓦大清真寺位于西班牙南部古城科尔多瓦市内，具有摩尔建筑和西班牙建筑的混合风格，是西班牙伊斯兰教最大的神圣建筑之一，也是世界上最大的礼拜寺之一。公元786年前后，白衣大食王国国王阿卜杜勒·拉赫曼一世欲使科尔多瓦成为与东方匹敌的伟大宗教中心，在罗马神庙和西哥特时代的教堂遗址上修建了这个清真寺，后来经过拉赫曼二世和哈卡姆二世扩建，到1236年时，该寺院的面积已比初建时扩大了2倍，一次就可容纳2万多信徒从事宗教活动。在哈利发希什姆二世时代，大臣曼苏尔又扩建了斋戒室，到哈里曼三世，建筑工程达到最高峰。

科尔多瓦大清真寺来自叙利亚因袭的形制，平面呈长方形，北面大殿为主要建筑，进深比一般的清真寺大一些，东西长126米，南北宽112米，殿内18排36行柱子，在不足3米的柱距下，相互掩映，层层朝向圣龛，回首瞻望却几乎看不到尽头。在高仅3米的罗马古典式柱头与高达9.8米的木天花板之间，重叠着两层发券，使整片柱林上空显得更加幽渺深远。

其装修是埃及和北非的典型做法，上层发卷略小于半圆，下层发卷却是马蹄形的，均用白色石材和红砖交替砌成，做得富有韵律。在圣龛前面国王朝拜的地方，装饰得十分精致，用花瓣形的重叠几层发券，华丽异常。圣龛的穹顶用西班牙和西西里岛常见的八个肋架券交叉架成的主体，使全殿显得更为神妙而富有地方特色。

16世纪初，阿隆索·曼里克主教代表卡洛斯五世国王全权主持清真寺的改建工程。正殿中的石柱和拱门近三分之一被毁，从中建起了一座文艺复兴式的大教堂，包括主座堂、王家小礼拜堂、唱诗班等几部分。唱诗班的椅子全是带有华贵的巴洛克雕饰的精湛工艺品，两个讲道台是用桃花心木、大理石、碧玉等镶嵌制成。但因对原有的珍贵建筑破坏过多而引起了卡洛斯五世国王的不满，他对改建者们惊呼道："你们为建起一些在我国到处都能见到的东西而破坏了再也无法找回的东西。"正因为卡洛斯国王及时制止，这座伊斯兰教的大清真寺才得以保持至今，并因此成为了一座伊斯兰教文化与基督教文化并存的特殊建筑物，如今作为西班牙最著名的宗教旅游胜地，吸引着千千万万的各地游人。

米拉公寓

Casa Mila

地　　点：西班牙巴塞罗那
建造时间：1906—1912年
建　筑　师：安东尼·高迪

米拉公寓位于街道转角，地面以上共6层（含屋顶层）。这座建筑的墙面凸凹不平，正面被处理成一系列水平起伏的线条，呈波浪形，屋檐和屋脊有高有低。建筑物造型仿佛是一座被海水长期浸蚀又经风化布满孔洞的岩体，墙体本身也像波涛汹涌的海面，富有动感。米拉公寓的阳台栏杆由扭曲回绕的铁条和铁板构成，如同挂在岩体上的一簇簇杂乱的海草。米拉公寓的平面布置也不同一般，墙线曲折弯扭，房间的平面形状也几乎全是"离方遁圆"，没有一处是方正的矩形。在室内，几乎没有线和平面，即使是家具也被装饰成典线。

米拉公寓将伊斯兰建筑风格与哥特式建筑结构相结合，重点放在造型的艺术表现方面。以浪漫主义的幻想极力使塑性艺术渗透到三度空间的建筑中去。

↑米拉公寓的外观看上去就像一个正在融化的巨大冰淇淋。

↑如波涛汹涌般的公寓外墙，如海草般的铁艺阳台栏杆，极富动感。

建筑与人文：
建造背景

佩雷·米拉是个富翁，他和妻子参观了巴特略公寓后羡慕不已，决定造一座更加令人叹为观止的建筑。米拉找到了红极一时的青年建筑师高迪，请他来设计、建造，并答应给他充分的创作和行动自由。不过事后他才发觉，他的这一允诺是有欠考虑的。

工程热火朝天地展开了，米拉却在工地上忧心如焚地打转转，因为他心里有许多问题百思而不得其解：为什么工程已开工却不见图纸？为什么没有预算？为什么没有设计方案？如此等等。

高迪默不作声——语言不是他表达意见唯一和最好的方式。不过，终于有一天，他沉不住气了，从口袋里摸出一张揉得皱巴巴的纸片，冲着米拉说："这就是我的公寓设计方案！"

↑ 高迪另一惊世骇俗的作品——巴特略公寓
↓ 米拉公寓内繁复的拱形门

↑ 米拉公寓天台上同样造型古怪的雕塑

可怜的米拉时而抓住自己的钱包，时而又揪住自己的胸口，高迪却若无其事似的微笑着。他显得颇为得意地搓着双手，对米拉说："这房子的奇特造型将与巴塞罗那四周千姿百态的群山相呼应。"

阿尔罕布拉宫

Palace of the Alhambra

地　　点：西班牙格拉纳达
建造时间：13~14世纪

　　格拉纳达地势险要，占地约140000平方米，四周环以高厚的城垣和数十座城楼。现存最早的摩尔人建筑包括称为阿尔罕布拉的城堡和称为上阿尔罕布拉的附属建筑，前者是摩尔君王的宫殿，后者是其官员和宠臣的住地。宫中主要建筑由两处宽敞的长方形宫院与相邻的厅室所组成。桃金娘宫院，长42米，宽约23米，中央有大理石铺砌的大水池，四周植以桃金娘花，南北两厢，由无数圆柱构成的走廊柱子上全是精美无比的图案，手工极为精细。而圆柱的建筑材料是把珍珠、大理石等磨成粉末，再混入泥土，然后用人工慢慢堆砌雕琢而成。这里的大使厅呈正方形，每边长11米，四面墙壁全是金银丝镶嵌而成的几何图案，色彩艳丽。中间有高22.5米的圆顶，为觐见室，内设苏丹御座。大使厅以其雕刻有星状彩色天花板和拱形窗户著称。狮子厅为另一长方形宫院，长约35米，宽20米，周围环绕以124根大理石圆柱的俏巧游廊，中间有模仿西妥教团净手间形式的建筑，轻灵的圆形屋顶饰有金银丝镶嵌细工的精美图案。

　　在阿尔罕布拉宫中，有四个主要的中庭（或称为内院）：桃金娘中庭、狮庭、达拉哈中庭和雷哈中庭。环绕这些中庭的周边建筑的布局都非常精确而对称，但每一中庭综合体的自身空间组织却较为自由。就这四个中庭而言，最负盛名的当数桃金娘中庭和狮庭。

↓ 远眺阿尔罕布拉宫

日常生活区

　　桃金娘中庭是一处引人注目的大庭院，也是阿尔罕布拉宫最为重要的群体空间，是外交和政治活动的中心。它由大理石列柱围合而成，其间是一个浅而平的矩形反射水池以及漂亮的中央喷泉。在水池旁侧排着两行桃金娘树篱，这也是该中庭名称的由来。

　　桃金娘树篱的种植则要溯源于1492年西班牙占领该地之后。在桃金娘中庭内，可以欣赏到两个极佳的建筑外观，主景之一为一座超过40米的高塔，在塔上能够观看到引人入胜的美景。周边建筑投影于水池中，纤巧的立柱、优雅的拱券以及回廊外墙上精致的传统格状图案，与静谧而清澈的池水交相辉映，使人恍如处于漂浮空灵的圣地之中。

　　通过桃金娘中庭东侧，可以来到狮庭，也即苏丹家庭的中心。在这个穆罕默德五世宫殿中，四个大厅环绕一个非常著名的中庭——狮庭。列柱支撑起雕刻精美考究的拱形回廊，从柱间向中庭看去，其中心处有12只强劲有力的白色大理石狮托起一个大水钵（喷泉），它们结合中心处的大水钵布局成环状。由于《可兰经》禁止采用动物或人的形象来作为装饰物，所以，在阿拉伯艺术中，这种用狮子雕像来支撑喷泉的做法是很令人称奇的，可将其理解为君权和胜利的象征，而这里的狮子雕像形态还会让人回想起古代波斯雕刻家的作品。

　　狮庭是一个经典的阿拉伯式庭院，由两条水渠将其四分。水从石狮的口中泻出，经由这两条水渠流向围合中庭的四个走廊。走廊由124根棕榈树般的柱子架设，拱门及走廊顶棚上的拼花图案尺度适宜，且相当精美：其拱门由石头雕刻而成，做工精细、考究、错综复杂，同样，走廊顶棚也表现出当时极其精湛的木工手艺。由于柱身较为纤细，常常将四根立柱组合在一起，这样，既满足了支撑结构的需求，又增添了庭院建筑的层次感，使空间更为丰富、细腻。在狮庭，同样可以看到与中世纪修道院相似的回廊。它按照黄金分割比加以划分和组织，其全部的比例及尺度都相当经典。所以，这种水景体系既有制冷作用，又具有装饰性。

枫丹白露宫

Palace and Park of Fontainebleau

地　　点：法国墨纳-马恩省
建造时间：约公元1137年前后开始兴建
占地面积：840000平方米
建 筑 师：吉利斯·勒·布里多尼
建筑风格：法国古典主义

↓枫丹白露宫

　　枫丹白露意为"蓝色的美泉"，因有一股八角形小泉而得名。该地泉水清澈碧透。1137年，法王路易六世在泉边修建了一座宏伟的、供打猎时休息用的城堡，即著名的枫丹白露宫，从此就成为法国历代统治者的行宫。枫丹白露宫位于1700万平方米的森林内，建于弗朗索瓦一世时期。由大批意大利艺术家与设计师共同建造，后被拿破仑改建为文艺复兴建筑式样。枫丹白露宫建筑群由一座古堡主塔、六朝国王修建的宫殿、五个不等形院落和四座各具特色的园林组成。

　　背倚三一教堂的白马庭是枫丹白露的主要入口，原先这里是一所由圣路易修建的古老寺院。庭院的正面屡经改建，其中最重要的一次是由建筑师塞尔梭完成的，其代表作品即是这座著名的马蹄铁形台阶。白马庭名源自凯瑟琳·冯·梅迪奇时期铸造的一匹白马，这尊铸像后被卫兵用长矛破坏，1626年被封存。

　　台阶下一条幽静的长廊直通背后的泉庭。泉庭南面正对一池湖水，其余三面则是造型和风格都相差甚远的宫殿，但在整体上却未给人以凌乱的感觉。

池塘对面是弗兰西斯一世画廊。弗兰西斯一世画廊是枫丹白露乃至整个文艺复兴时期最著名和最完美的艺术品之一，它作为结合部将钟塔庭和白马庭连成一体。

走出弗兰西斯一世画廊便是狄安娜花园。园以泉名，园内的狄安娜喷泉是亨利四世时代于1602年在著名的狄安娜雕塑位置构筑的。狄安娜花园又称皇后花园或橙园，花园内散布着花坛和雕塑。橙树漫园而生，橙香浮动，清风徐来，令人心骨皆清。如今这座花园的形态虽亦可人，但已不复旧貌，其历史可追溯到第一帝国和七月王朝时代。

从白马庭、泉庭、弗兰西斯一世画廊、狄安娜花园一路走到钟塔庭。钟塔庭也称椭圆形庭，是枫丹白露宫殿群中最庄严的部分。当初，喜爱大自然的弗兰西斯一世决定重建枫丹白露时，他眼中路易七世建造的中世纪宫殿无异于残址败石，索然枯槁，有损周遭的景致。因此，他独保留了古老、凝重的钟塔，仅在其外观上稍加修饰，钟塔庭的其他建筑则尽由吉勒·勒布雷东设计的文艺复兴式建筑取代。

自钟塔入口至拱廊的建筑，源自1528年开始的第一期工程。圣萨蒂南教堂稍后于1545年建成。

舞厅始建于弗兰西斯一世时期，原先设计为意大利式柱廊，向外敞开，作为教堂和国王房间之间的通道。在原设计中舞厅呈穹形，以使窗户之间的柱廊的存在更为合理。直至弗兰西斯一世辞世，舞厅也未完工。

菲利贝·德洛尔姆接过前人的设计又加以修改：他最终完成了塞利奥设计的分格镶板的天花板以及壁炉。

枫丹白露宫由法国建筑师完成宫殿的土木工程的设计和施工，而内部装修、装饰则聘请意大利艺术家承担，从而形成了融法意两国风格于一体的建筑艺术上著名的"枫丹白露"派。

↑ 枫丹白露宫的内设极尽奢华之能事，彰显了法国贵族糜烂的生活。

↑ 清幽淳美的枫丹白露花园一隅

建筑与人文

枫丹白露宫的历史

亨利二世、亨利四世、路易十四、路易十五、路易十六和拿破仑等法国帝王都曾在此居住过。有的国王在此长住,有的仅把它作为打猎的行宫,王室的婚丧大典也常在这里举行。瑞典女王克里斯蒂娜、俄国沙皇彼得一世、丹麦国王克里斯蒂安七世都曾下榻于此。

由于17世纪以后法国王室大多居住在凡尔赛宫,法国大革命前枫丹白露宫已趋破败。大革命期间宫内家具陈设全被变卖,以筹措政府经费。拿破仑称帝后,选择枫丹白露宫作为自己的帝制纪念物,对其大加修复。1804年拿破仑称帝时,曾在枫丹白露宫正门前的马蹄形高台上发表就职演讲。1812—1814年,罗马教皇庇护七世被拿破仑囚禁在这里。

1814年,拿破仑被迫在这里签字让位,并对其近卫军团发表了著名的告别演说。

1945—1965年,北大西洋公约组织军事总部设于此,枫丹白露宫墙外至今还残留有"NATO"标记。

↑ 1814年,拿破仑在枫丹白露宫发表告别演说。

枫丹白露画派

枫丹白露画派是法国的美术流派,16世纪30年代以后活跃于法国宫廷。

当法兰西斯一世于1527年征服马德里凯旋时,才决定定都巴黎,就在圣路易的城堡旧址上,委派建筑师勒布鲁东规划一座新罗马城,并特别邀请意大利佛罗伦斯画家F.罗索、E.普里马蒂乔和B.切利尼等人来装潢它的城堡,从而使其成为了一座全新的文艺复兴风格的皇宫,就在法国人精巧的矫饰风格里,诞生了枫丹白露画派。

枫丹白露画派代表人物们把壁画、灰泥膏浮雕人像与带状图案结合起来,使整个装饰具有更为乐观的特点。尤其在壁画中,突出地强调了线条的韵味、追求技艺的精巧完美和人物姿式的优雅,具有浓厚的贵族化气息,从而构成了枫丹白露画派真正的独创精神,并被欧洲各国宫廷广为模仿。

亨利四世执政时,曾一度中断的画派活动有所恢复。它同荷兰、佛兰德斯浪漫主义美术汇合为一个画派,为首的是安特卫普画家A.杜布瓦,法国画家有T.迪布勒伊和M.弗雷米内等人,艺术风格基本因袭前人,被称作第二枫丹白露画派。他们的风格基本上是追随前人,作品缺乏想象力和创造性,因此最终未能超越罗索等人所创建的艺术范畴。

巴黎圣母院

The Cathedral of Notre-Dame

地　　点：法国巴黎
建造时间：1163—1345年
占地面积：5500平方米
建筑风格：早期哥特式
评　　价：雨果称它是"一个巨大的石头交响乐"

巴黎圣母院坐东朝西，正立面风格独特，结构严谨，看上去雄伟庄严。从上而下共分两层。最下面一层是并排3个逐渐内缩的拱券形门洞，门上刻有表现《圣经》故事的浮雕。门洞上方排列着28尊人物雕像，被称为国王廊。国王廊上面一层为3扇窗子。两边的窗子是双拱券形，分别雕有亚当、夏娃的塑像。中间是一扇圆形大花窗，称"玫瑰窗"，直径约10米，由37块玻璃组成，建于1220—1225年。窗前立有圣母怀抱圣婴的雕像。最上面一层则是由许多美丽的白色雕花栏杆组成的一条走廊，连接南北两座各高69米的巨型钟楼。南钟楼上悬挂着一座重达13吨的巨钟。北钟楼则设有一个387级的阶梯。两座钟楼后面有座高达90米的尖塔，巍峨入云，塔顶是一个细长的十字架，远望似与天穹相接。这座尖塔虽比两座钟楼还高出21米，但从正面看，高度却好像一样。从中可见建筑师的独具匠心。教堂内部极为朴素，几乎没有什么装饰。大厅可容纳9000人，其中1500人可坐在讲台上。厅内的大管风琴共有6000根音管，音色浑厚响亮，特别适合演奏圣歌和悲壮的乐曲。整个建筑象征着基督教的神秘，给人以庄严华丽、神秘莫测之感。

巴黎圣母院的中堂平面为5廊（双侧廊）形式，中廊跨度为15米，两侧为门厅，中部有横厅，圣坛部分的结构体采用放射状布置。中廊跨度方向柱间采用石砌六肋拱形式的尖券顶棚，高达32米，侧廊采用石砌四肋

↙ 巴黎圣母院正面全景

→巴黎圣母院侧面景

↓窗花和拜祭室

拱形式的尖券顶棚。内侧侧廊为两层,外侧侧廊为一层,中廊和侧廊拱顶的侧推力通过飞券,逐级传递到外侧的扶壁上。由于具有飞券系统,外墙得以大面积开窗,为改善和控制室内的照明效果提供了可能性。

巴黎圣母院全部用石头建造,是典型的哥特式建筑,也是欧洲建筑史上一个划时代的标志。因为在它建成之前,教堂建筑大多笨重、阴暗,有着沉重的拱顶、粗矮的柱子、厚实的墙壁和窄小阴暗的空间,使人感到压抑。而巴黎圣母院冲破了这种旧的束缚,创造出新颖轻巧的骨架券。这种结构犹如一把撑开后连接在一起的伞骨。它使拱顶变轻了,教堂升高了,空间扩大了,窗面增加了,光线充足了。这种风格很快就在欧洲传播开来,许多建筑都受到了它的影响。

建筑与人文
历史见证

巴黎圣母院的建成，首先应该归功于那些来自民间的人物。莫里斯·德·苏利，一个穷苦的伐木女工的儿子，1159年他被任命为巴黎教堂的司铎，次年又被任命为巴黎主教，任职达36年之久。是他，决定要在法国的京城修建一座奇美的教堂。巴黎圣母院始建于1163年，由教皇亚历山大和法王路易七世共同主持奠基。

开工后教堂的修筑速度非常快，因此在1182年教皇的使者献出了新的祭坛之后，圣母院基本算是大致成形。一直到这阶段，工人才开始将旧的教堂拆除（中古时代，旧教堂并不会在新教堂起建初期就拆除，以延续教堂日常的宗教性运作）。之后圣母院一共更换了4位姓名不可考的建筑师，逐渐地将肋拱式大跨距穹顶完成，教堂双塔造型正面一直到进入13世纪以后、在第三任建筑师的手上才动工，并在13世纪20年代，由第四位建筑师把舱顶部分接合、完成。

原本钟塔的顶端还曾设计有尖塔，但因为尖塔的工程难度过高，在法兰西岛地区的这么多座哥特式教堂中，实际上将尖塔完成

↑ 夜色中的巴黎圣母院
↓ 特写

而且没有在之后毁坏倾倒的教堂，数量极少。巴黎圣母院虽然在刚开始时的确有计划要兴建尖塔，但却没有付诸实行，因此从某个角度我们可以说即使过了几百年，巴黎圣母院仍处于未完工状态，虽然实际上后人并没有将这部分补建上去的打算。

在巴黎圣母院完工后一直到18世纪这段漫长的时光中，教堂被进一步改装的次数与幅度并不多，仅在1698年时，在路易十四世的要求下，赫伯·德·科特（凡尔赛宫教堂的建筑师）将唱诗班席附近进行了改装以符合当时的审美标准。除此之外还有18世纪时，在教会的要求下，苏弗洛（万神殿的建筑师）将教堂正面中央的门口扩大，以便能让大型的游行列队或是抬轿之类的事物能够直接穿门而入。然而，以上的这些改变，全在19世纪奥维莱·勒·杜克的修复工程中，以尊重中古时期设计原味的理由给全部恢复，只留下了极少的蛛丝马迹。反倒是在18世纪中期为了改善教堂内的采光，教会方面拆除了原本造于中世纪时的老式花窗玻璃，改为单一块面积较大但图样欠缺复杂华丽感的新式透明玻璃，仅有教堂西、北、南三面的玫瑰窗部分，保留了原始设计。

↑描述圣女贞德故事的油画

这座带着神性的殿堂，这个散发着来世和彼岸世界气息的建筑，不仅是人类的杰作、社会历史的产物，更是人类历史的见证者。早在全部竣工之前，它就成为了法国宗教、政治和民众生活中举行重大事件和典礼仪式的场所：

1239年，路易九世在这里举行加冕典礼，从此巴黎圣母院在法国政治上拥有重要地位。

1248年，法王路易九世扬起十字军的旌旗，从这里出发进攻埃及，这是西欧封建主对中东的第七次掠夺，巴黎圣母院当能看见这位以"德行"、"廉洁"著称而被称为"圣路易"的国王的贪婪与凶恶。

1302年，腓力普四世为了谋求全国一致对抗教皇，在这里召集了有市民参加的"总议会"，这实际上是法国历史上有记录可查的第一次三级会议，它标志着资产阶级市民进入了政治生活。

1430年，这时的巴黎圣母院已经落成，蔚为壮观，但法国却在"百年战争"中节节失利，整个北部已被英军占领，巴黎沦陷在英国人手中已经15年了，英国国王、刚满10个月的婴儿亨利六世被宣布为法王的加冕典礼在巴黎圣母院举行，圣母院第一次蒙受了法兰西民族的屈辱。

1455年，"百年战争"中的民族女英雄贞德的昭雪仪式在这里举行，这时，"百年战争"已在两年前以法国的胜利而结束，农家女贞德曾在对英作战中立下不朽功勋，她落在英军手里后被交付教会法庭审判，最后被诬为"女巫"，在卢昂广场受火刑而死。巴黎圣母院里的昭雪仪式，终于洗刷了法兰西民族的耻辱。

1594年，亨利四世在沙脱尔教堂举行加冕典礼后进入巴黎，成为法国国王，来到巴黎圣母院感恩，他总算结束了历时数十年的宗教战争，重振王权，为以后封建王朝的鼎盛打下了一个基础。

←这幅画是奉拿破仑之命而作，描绘的是1804年12月2日拿破仑在巴黎圣母院举行的加冕仪式。画面中心形象是拿破仑从教皇手中接过王冠，赐给皇后约瑟芬。罗马教皇被请来参加仪式，只不过是拿破仑想借教皇在宗教上的号召力来扩大自己的影响和肯定称帝的合法性，让他坐在祭坛前作为后盾而已。

1654年6月，路易十四加冕大典在这里隆重举行，巴黎圣母院看到一个"太阳王的朝代"将开始，在这个时期，封建专制王朝发展到了空前绝后的顶峰。1774年，巴黎圣母院又举行了路易十六的加冕典礼，圣母并没有祝福这位国王，15年后，法国爆发了资产阶级革命，19年后，他在革命高潮中被推上断头台。

1789年7月15日，国民议会和巴黎市政府来到巴黎圣母院欢庆前一天巴黎民众攻陷巴士底狱，这象征着封建专制政体被彻底推翻，一个新的资产阶级统治时期来到了。

1804年12月2日，拿破仑在这里加冕称帝，其典礼之豪华、规模之巨大皆前所未有，巴黎圣母院看到了那著名的、惊人的一幕：拿破仑不是像历代国王一样让教皇加冕，而是自己用手把冠冕拿过来戴在头上……

↑ 享有世界声誉的文学家雨果

1918年，巴黎人在这里为第一次世界大战对德国的胜利而向圣母感恩。

1944年，法国在二战中胜利后，戴高乐将军在此感谢圣母的庇佑。

1945年，巴黎人在这里欢庆粉碎了法西斯德国的胜利。

1970年和1974年相继在这里举行了戴高乐将军、蓬皮杜总统的追思弥撒。

1996年，法国前总统密特朗逝世，百余国家代表在此为他举行安魂弥撒……

有史以来，在这里举行过的仪式、典礼远远不止这些，巴黎圣母院目睹了法兰西的历史，它的台阶上印着几个世纪发展的足迹，它的祭坛上记录了法兰西历史的"要目"，甚至详尽的篇章。

《巴黎圣母院》

《巴黎圣母院》（创作于1831年，又称《钟楼怪人》）是法国作家、诗人雨果第一部大型浪漫主义小说。它以离奇和对比手法描写了一个发生在15世纪法国的故事：巴黎圣母院副主教克洛德道貌岸然、蛇蝎心肠，先爱后恨，迫害吉卜赛女郎爱斯梅拉达。面目丑陋、心地善良的敲钟人加西莫多为救女郎舍身。小说揭露了宗教的虚伪，宣告禁欲主义的破产，歌颂了下层劳动人民的善良、友爱、舍己为人，反映了雨果的人道主义思想。

小说《巴黎圣母院》艺术地再现了400多年前法王路易十一统治时期的真实历史，宫廷与教会如何狼狈为奸压迫人民群众，人民群众怎样同两股势力英勇斗争。小说中的反叛者吉卜赛女郎爱斯梅拉达和面容丑陋的残疾人加西莫多是作为真善美的化身展现在读者面前的，而人们在副主教克洛德和贵族军人弗比思身上看到的则是残酷、空虚的心灵和罪恶的情欲。

卢浮宫

The Louvre

地　　点：法国巴黎
建筑年代：建于1190年
建筑面积：48000平方米
建 筑 师：路易斯·勒伏·查理斯·勒勃亨·克劳德·彼洛
建筑风格：法国古典主义
评　　析：卢浮宫的建筑艺术展示了法国文艺复兴各个历史阶段的成就。

卢浮宫始建于12世纪末，由法王腓力二世（奥古斯都）下令修建，最初是用作防御的城堡，边长约90米，四周有城壕，其面积大致相当于当今卢浮宫最东端院落的四分之一。当时的卢浮宫城堡并不是法国国王的居所，而是被用来存放王室财宝和武器。

14世纪，法王查理五世觉得卢浮宫堡比位于塞纳河当中的城岛（西岱岛）的王宫更适合居住，于是搬迁至此。在他之后的法国国王再度搬出卢浮宫，直至1546年，弗朗索瓦一世才成为居住在卢浮宫的第二位国王。弗朗索瓦一世命令建筑师皮埃尔·勒柯按照文艺复兴风格对其加以改建，于1546—1559年修建了现在卢浮宫建筑群最东端的卡利庭院。扩建工程一直持续到亨利二世登基。亨利二世去世后，王太后卡特琳·德·美第奇集中力量修建杜伊勒里宫及杜伊勒里花园，卢浮宫的扩建工作再度停止。

波旁王朝开始后，亨利四世和路易十三修建了连接卢浮宫与杜伊勒里宫的大长廊，又称花廊。1667年建筑师勒伏、勒勃亨和彼洛对卢浮宫的东立面重新

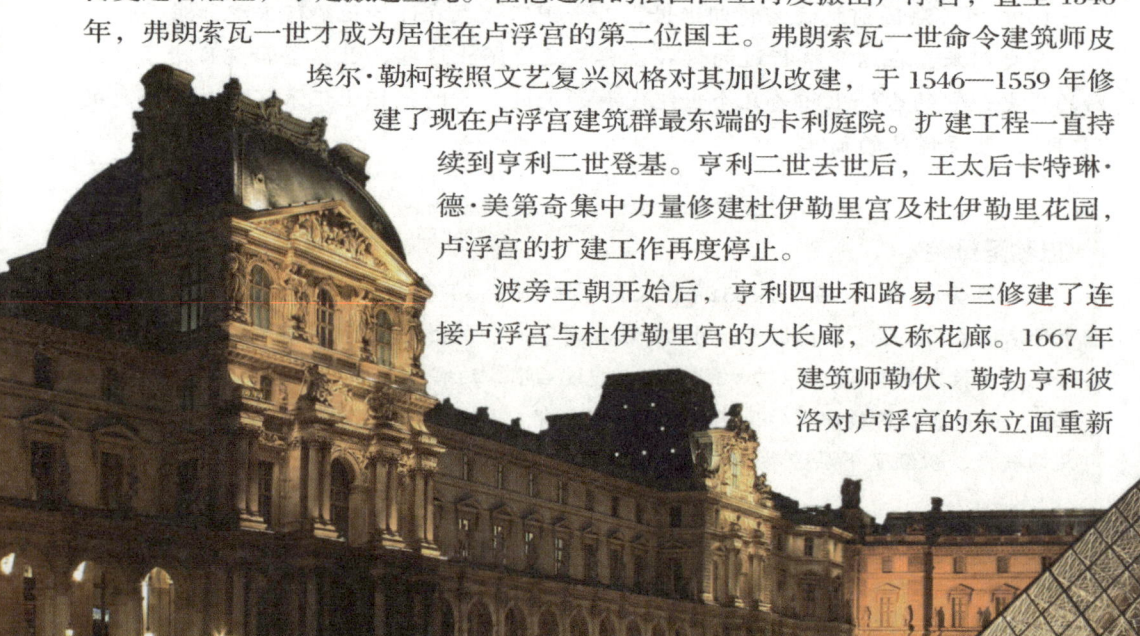

设计，3 年后建成。这是一个典型的古典主义建筑作品，完整地体现了古典主义的各项原则。卢浮宫的东立面全长约 172 米，高 28 米，上下按照一个完整的柱式分作两部分：底层是基座，高 9.9 米，中段是两层高的巨柱式柱子，高 133 米，最上面是檐部和女儿墙。主体是由双柱形成的空柱廊，简洁洗练，层次丰富。中央和两端各有凸出部分，将立面分为 5 段。两端的凸出部分用壁柱装饰，而中央部分用倚柱，有山花，因而主轴线很明确：左右分 5 段，上下分 3 段，都以中央一段为主的立面构图，在卢浮宫东立面得到了第一个最明确、最和谐的成果。这种构图反映着以君主为中心的封建等级制的社会秩序，但它同时也是对立统一法则在构图中的成功运用。

1682 年法国宫廷移往凡尔赛宫后，卢浮宫的扩建再度中止。法国大革命期间，卢浮宫被改为博物馆对公众开放。拿破仑即位后，随即开始了对卢浮宫的大规模扩建，建造了面向里沃利林荫路的北翼建筑，并在围合起来的巨大广场中修建了卡鲁索凯旋门，作为杜伊勒里宫的正门。拿破仑三世时期修建了黎塞留庭院和德农庭院，完成了卢浮宫建筑群。

自 1546 年法王弗朗索瓦一世决定在原城堡的基础上建造新的王宫，此后经过 9 位君主不断扩建，历时三百余年，终于形成目前呈现在世人面前的这座呈 U 字形的宏伟辉煌的宫殿建筑群。

↑ 卡鲁索凯旋门

阿赛-勒-李杜府邸

Chateau d'Azay-le-Rideau

地　　点：法国卢瓦尔
建造时间：1518—1527年
占地面积：5500平方米
建筑风格：文艺复兴建筑
结构形式：砖石结构
占地面积：5500平方米

　　阿赛-勒-李杜府邸位于卢瓦尔河一条支流中的小岛上，曲尺形的平面，三面临水。临水的立面相当简洁。分层线脚和出挑很大的檐口所造成的水平分划使它同恬静的河流十分协调。圆形的角楼和它们的尖顶又以垂直的形体同主体造成俏丽的对比，使府邸显得活泼，使周围景色显得有生气。碧水如镜，更增加了府邸的妩媚。

　　它的入口一面，垂直划分比较突出。上下几层窗子竖向组织起来，突破檐口，带着小小的山花。城堡内有许多精致的装饰，并收藏了文艺复兴时期的家具和织锦画。

↑坐落在水边的阿赛-勒-李杜府邸，其整体建筑与水面相映成趣，融为一体，宛如悬浮在水面之上。

卢瓦尔河

　　卢瓦尔河全长1005千米，是法国最大的河流。它发源于中央高原，在布列塔尼半岛的南特注入大西洋。卢瓦尔河流域是法国古代文明的中心之一，两岸有许多历史遗迹，最多的是十五六世纪贵族自建的领地城堡、狩猎宫，已成为法国古堡的代名词。其中，从奥列安到安瑞约240千米的河谷是法国古堡最多的地区，而长约140千米的叙利城至沙洛讷城之间更被誉为"法国花园"，独树城堡遗迹与众不同的风范。

凡尔赛宫

Palais de Versailles, Paris

地　　　点：法国伊夫林省
建造时间：1660年由路易十四下令修建，1710年全部竣工
占地面积：111万平方米，其中建筑面积为11万平方米，园林面积为100万平方米
建　筑　师：勒沃、勒诺特、于·阿·孟莎
建筑风格：法国古典主义

↓凡尔赛宫大理石院，正面的二层红砖楼房即路易十三的狩猎行宫。

　　凡尔赛宫以东西为轴，南北对称，包括正宫和两侧的南宫和北宫，花园也是几何图形。在长达3千米的中轴线上，有雕像、喷泉、草坪、花坛、柱廊等。

　　凡尔赛宫立面为标准的古典主义三段式处理，即将立面划分为纵、横三段，建筑左右对称，造型轮廓整齐、庄重雄伟，被称为是理性美的代表。其内部装潢则以巴洛克风格为主，少数厅堂为洛可可风格。

　　凡尔赛原来有一座国王路易十三的猎庄，是17世纪上半叶的砖建筑，三合院，向东开敞。路易十四决定以猎庄为中心建造大型宫殿。60年代初，由勒诺特负责，开始在府邸西面兴建大花园。它的中轴东西长达3千米，有一条横轴，范围很大，围墙有45千米长。1668年，经伏勒设计，在旧府邸的南、北、西贴了一圈新建筑物，保留原三合院不动。新建部分以第二层为主，北面是一串连列厅，作为宫廷主要的公共活动场所，南面也是一串连列厅，是王妃卧室和贵妇们活动的场所。向西有25个开间，中央11间是凹阳台。凹阳台之东，正中是国王的卧室，位置在旧府邸里，窗子对着三合院。

　　后来，先后由伏勒和他的学生道亥贝负责把三合院的南北两翼向东延长，形成比三合院宽一点的御院。又接建两座仆役房屋，形成更宽的前院。原来的三合院的立面改成大理石的，得名大理石院。

1678年，于·阿·孟莎担任凡尔赛的主要建筑师。他把西立面中央11个开间补上，并从两端各取出4个开间，造了一个长达19间的大厅。厅长76米，高131米，宽97米，是凡尔赛最主要的大厅，举行重大仪式时用。同西面的窗子相对，在东墙上安装17面大镜子，每面由483块镜片组合而成。大厅因此

↑ 内景

被称为"镜廊"。镜廊用白色和淡紫色大理石贴墙面。科林斯式的壁柱，柱身用绿色大理石，柱头和柱础是铜铸的，镀金。柱头上的主要装饰母题是展开双翅的太阳，因为路易十四当时被尊称为"太阳王"。檐壁上塑着花环，檐口上坐着天使，都是金色的。拱顶上画着九幅国王的史迹画。镜廊的装修金碧辉煌，采用了大量意大利巴洛克式的手法。

1682年，宫廷和整个中央政府搬到凡尔赛后，于·阿·孟莎负责设计了向南、向北伸展的两翼。建成后凡尔赛宫的总长度达到580米，同花园的规模协调多了。南北两翼的西立面同中央部分的西立面是一样的，但比后者向东退了90米左右，大大削弱了两立面的宏伟性。同时，在两翼也看不到大花园的全景。

花园里，横轴的北端有一所小型的宫殿，叫大特里阿农，单层，比较精致、亲切。

宫殿之东，以大理石院为中心，有两条林荫大道笔直地辐射出去。中央一条通向巴黎市区，和爱丽舍大道连接，其他两条通向另外两座离宫。

由于在核心部位保留了旧的建筑物，宫殿又是在长时期内陆陆续续地建造，凡尔赛宫建筑的整体性比较差，缺点很多。但它毕竟是欧洲最宏大、最辉煌的宫殿，代表了当时欧洲最强大的国家、最权威的国王、最先进的文化。

凡尔赛宫殿正面

波尔多剧院

The Grand Theatre, Bordeaux

地　　点：法国巴黎
建造时间：1773—1780 年
建 筑 师：维克多·路易
建筑风格：古典主义

↓ 波尔多剧院

　　波尔多剧院位于巴黎市中心，被视为波尔多的标志。这个著名的剧院是由建筑师维克多·路易于 1773 年至 1780 年间建造，位于法国罗马纪念碑 Pilliers de Tutelle 所在地，是新古典建筑的佼佼者。演奏厅经修葺后已恢复原貌，以蓝、白和金色作为主色调，美不胜收，是世界上最华丽雅致的建筑物之一。

　　波尔多剧院堪称是一座新古典式的纪念堂，法国最美的建筑之一。它的外观像一座庄严的希腊式神庙，一排 12 根科林斯式巨柱构成宏伟匀称的门廊。门廊阳台上，并排竖立着 12 尊神态各异的雕像，都是希腊神话中的女神，好似西洋的"金陵十二钗"。内部装饰金碧辉煌，宫廷式的包厢和楼座有四层，标志着马蹄形多层包厢式观众厅的成熟。剧场长 47 米、高 19 米、宽 88 米，巴黎歌剧院设计时就曾以波尔多剧院为样板。

雄狮凯旋门

Arc de triomphe de l'e toile

地　　点：法国巴黎
建造时间：1806—1836年
建　筑　师：夏尔格兰
建筑风格：新古典主义

　　巴黎的凯旋门高 49.54 米，宽 44.82 米，厚 22.21 米，中心拱高 36.6 米，宽 14.6 米。凯旋门的型制模仿古罗马君士坦丁凯旋门，只有正中一个券洞，而尺度却大了一倍多。它虽然遵循了古罗马凯旋门的型制，但在立面构成上，取消了壁柱，以巨型雕刻作为立面的主要构成要素。立面上以"起义"、"胜利"、"抵抗"和"和平"为主题的四组巨大雕刻，出自当时两位法国古典浪漫主义雕刻大师之手，具有极大的艺术震撼力。凯旋门的四周都有门，门内刻有跟随拿破仑远征的将军和 96 场胜战的名字，门上刻有 1792—1815 年间的法国战事史。

↓金碧辉煌的凯旋门屹立于香榭丽舍大道之上，是巴黎著名的一道风景线。

凯旋门内设有电梯,可直达50米高的拱门上端。也可沿着273级螺旋形石梯拾级而上,上去后可以看到一座小型的历史博物馆。博物馆顶部是一个平台,从这里可以远眺巴黎,鸟瞰巴黎圣母院、协和广场的卢克索方尖碑、雄伟的埃菲尔铁塔和圣心教堂等巴黎名胜。俯视凯旋门下由环形大街向四面八方伸展出的12条放射状的林荫大道,就会发现这些大道就像一颗明星放射出的灿烂光芒,因而凯旋门又称"星门"。12条大道中,最著名的是香榭丽舍大道、格兰德大道、阿尔美大道、福熙大道等。凯旋门的正下方是1920年11月11日建造的无名战士墓,墓是平的,地上嵌着红色的墓志:"这里安息的是为国牺牲的法国军人。"据说,墓中安眠的是在第一次世界大战中牺牲的一位无名战士,他代表着在大战中死难的150万法国官兵。墓前有一盏长明灯,每天晚上,这里都会点起不灭的火焰。每逢节日,就有一面10多米长的法国国旗从拱门顶端垂下来,在无名烈士墓上空招展飘扬。

↑ 凯旋门上的浮雕

曲折的建造过程

拿破仑率领的法国军队在奥斯特利茨战役中击败了俄奥联军,法国的国威达到史无前例的顶峰。为了炫耀国力,并庆祝战争的胜利,1806年2月12日拿破仑宣布在星形广场(今戴高乐广场)兴建"一座伟大的雕塑",迎接日后凯旋而归的法军将士。同年8月15日,按照著名建筑师夏尔格兰的设计开始破土动工。但后来拿破仑被推翻,凯旋门工程也中途辍止。1830年波旁王朝被推翻后,工程才得以继续。断断续续经过了30年,凯旋门终于在1836年7月29日举行了落成典礼。

→ 在这幅画中,拿破仑被描绘成英勇、果敢、坚毅的统帅形象,他挥手、勒马向上的雄姿以对角线趋势充满画面,整个世界统统在他的脚下,坡石上刻着永垂青史的名字。

埃菲尔铁塔

Eiffel Tower

地　　点：法国巴黎
建造时间：1887—1889年
占地面积：10000平方米
建筑面积：近10万平方米
建　筑　师：亚历山大·古斯塔夫·埃菲尔
结构形式：钢架镂空结构

→ 建筑师埃菲尔

埃菲尔铁塔分为3层，高320米。从塔座到塔顶共有1711级阶梯，分别在离地面57米、115米和276米处建有平台。据说，该塔共用去钢铁7000吨，12000个金属部件，250万颗铆钉相连起来。由于铁塔上的每个部件事先都严格编号，所以装配时没出一点差错。完全依照设计进行，中途没有进行任何改动，可见设计之合理、计算之精确。据统计，仅铁塔的设计草图就有5300多张，其中包括1700张全图。

→ 1889年正在建造中的埃菲尔铁塔

铁塔采用交错式结构,由 4 条与地面成 75 度角的、粗大的、带有混凝土水泥台基的铁柱支撑着高耸入云的塔身,内设 4 部水力升降机(现为电梯)。它使用了 1500 多根巨型预制梁架,由 250 个工人花了 17 个月建成,造价为 740 万金法郎,每隔 7 年油漆一次,每次用漆 52 吨。这一庞然大物显示了资本主义初期工业生产的强大威力,与其说是建筑,不如叫做装配更为恰当。在设计、分解、生产零件、组装到修整过程中,总结出一套科学、经济而有效的方法,同时也显示出法国人异想天开式的浪漫情趣、艺术品位、创新魄力和幽默感。

铁塔共分为 3 段,首段即底部有 4 条向外撑开的塔腿,在地面形成边长 100 米的正方形。塔腿分别由砌礅座支撑,地下有混凝土基础;第二段是塔角的延伸,整个塔身自下而上逐渐向内收缩;到了第三段,4 条钢架立柱合成一股,外形曲线继续缓慢内缩,形成一条自然得体、很是优美的轮廓线。

就像第二次大战胜利后远渡大西洋、在纽约落户的自由女神像一样,埃菲尔铁塔在不和谐中求和谐,于不可能中觅可能。它对新艺术运动的意义决不能牵强附会地理解为只是从塔尖到塔基的曲线,或者塔身上面一些铁铸件图案花边;铁塔恰如新艺术派一样,代表着当时欧洲正处于古典主义传统向现代主义过渡与转换的特定时期。

→ 因为成功地设计并建造了埃菲尔铁塔,亚历山大·古斯塔夫·埃菲尔被称为钢铁的诗人。

朗香教堂

Notre Dame du Haut, Ronchamp

地　　点：法国孚日山区
建造时间：1950—1955年
建　筑　师：勒·柯布西耶
建筑风格：现代"粗野主义"

→ 建筑师勒·柯布西耶是现代建筑运动的激进分子和主将。

　　朗香教堂规模很小，其内部的主要空间长约25米，宽约13米，连站带坐只能容纳200多人。但在朗香教堂的设计中，勒·柯布西耶把重点放在了建筑造型和建筑形体给人的感受上。他摒弃了传统教堂的模式和现代建筑的一般手法，把它当作一件混凝土雕塑作品加以塑造。建筑主体造型如同听觉器官，在倾听神与自然的对话；黑色的钢筋混凝土屋顶有如诺亚方舟；粗面、厚重的混凝土墙"光之壁"上布满大大小小多彩点窗，并通过"光的隧道"将各色光奇妙地引入室内；厚重的建筑形体之间刻意留出的缝隙，也使室内产生奇特的光影效果。这一切，使建筑外形和室内弥漫出一种浓厚而神秘的气氛。在郎香教堂的设计中，形、光、色、材融为了一体，一切建筑造型只为一个目的：艺术地、超凡地表现着一种精神。

↓ 朗香教堂从远处看就像一个巨大的折纸模型。

如诺亚方舟般的屋顶透露着浓厚的宗教意味

如粮仓般的祈祷室

弯曲甚至倾斜的墙体

粗糙的"光之壁"上大大小小的窗洞

在朗香教堂的设计中设计师走向了简化的反面——复杂。教堂造型奇异，墙体几乎全部是弯曲的，有的还具倾斜性；塔楼式的祈祷室的外形像座粮仓；沉重的屋顶向上翻卷着，它与墙体之间留有一条40厘米高的带形空隙；入口在卷曲墙面与塔楼交接的夹缝处。立面处理上，四个面各不相同，极尽变化之能事。

↑ 朗香教堂的背面

对窗的处理，采取在粗糙的白色墙面上开凿大大小小的方形或矩形窗洞、上面嵌彩色玻璃的手法。教堂平面呈不规则形，那些弯曲的墙线和由它们组成的室内空间，也都是相当复杂多变，光线透过屋顶与墙面之间的缝隙和镶着彩色玻璃的大大小小的窗洞投射进来，使室内产生一种特殊的氛围。然而它的复杂性与中世纪哥特式教堂不同。哥特式的复杂在细部，细部处理达到了繁琐的程度，而总体布局结构倒是简单的，易于明白的。朗香教堂的复杂性正相反，是结构性的复杂，而其细部，无论是墙面还是屋檐，外观还是室内，其实仍然相当简洁。

↓ 阳光透过奇特的"光之壁"，营造出静谧又神秘的宗教氛围。

粗野主义

二次大战后，勒·柯布西耶的建筑风格发生明显变化，其特征表现在对自由的有机形式的探索和对材料的表现，对混凝土的运用和工程原理的深刻理解，成为他最具有革命性的手段。他尤其喜欢表现不加修饰的清水钢筋混凝土，这种风格后被命名为粗野主义。

蓬皮杜国家艺术与文化中心

Pompidou Center

地　　点：法国巴黎
竣工时间：1977年
占地面积：7500平方米
建筑面积：10万平方米
建　筑　师：伦佐·皮亚诺和R.罗杰斯
建筑风格：高技派

↑ 蓬皮杜国家艺术与文化中心的两位设计师：皮亚诺（左）罗杰斯（右）。

蓬皮杜国家艺术与文化中心包括现代艺术博物馆、公共情报图书馆、工业设计中心和音乐与声乐研究所四个部分。前面三个部分集中安排在一幢长168米、宽60米、高42米的6层大楼中，音乐与声乐研究所则布置在南面小广场地底下。

↓ 蓬皮杜国家艺术与文化中心看起来就像是一个钢铁铸就的工厂。

工业传送带式的自动扶梯散发着浪漫的艺术气息与工业化生产相结合的味道。

整个蓬皮杜国家艺术与文化中心除钢架结构外，全部为玻璃覆盖。建筑师有意将结构和设备作为建筑物的装饰，因此，钢结构梁、柱、桁架、拉杆等以及各种颜色的管线全部暴露在外。

在东立面上，挂满五颜六色的各种管道，红色的是交通运输设备，绿色的是给水、排水系统，蓝色的是空调系统，黄色的是供电系统。人们可以从大街上望见大楼里面五彩缤纷的设备。

在西立面上，悬挂着几条有机玻璃的"巨龙"，一条是从底层蜿蜒而上的自动扶梯，其他几条水平方向的是多层的外走廊。

设计者把这些布置在建筑外面，其目的是使楼层内部空间不受阻隔。

↑ 最惹眼的要算这些裸露的管道了

↑ 夜幕下的蓬皮杜中心更显得现代味十足。

→ 蓬皮杜"工厂"前正在创作属于自己的作品的年轻人。

整个建筑平面呈长方形，在168.60米的面积中，只有两排共28根钢管柱。柱子把空间纵分为三部分，当中48米，两旁6米。各层结构是由跨度48米并向两边各悬挑出6米的桁架梁组成的。桁架梁同柱的相接不是一般的铆接或焊接，而是用一特殊制作的套筒套到柱子上，再用销钉把它销住。采用这样的套筒为的是使各层楼板有自由升高或降低的可能性。至于各层的门窗与隔墙，由于都不是承重的，就更有任意取舍或移动的可能了。因而房屋的内部空间是极端灵活的。这座大楼共用去1.5万吨钢、5万吨混凝土和1.1万平方米的玻璃。

蓬皮杜中心的结构设计充分显示了高工业技术对新建筑的巨大影响，打破了文化建筑典雅、宁静的传统风格，使它从外表看起来就像一座化工厂或一艘远洋客轮。这座古怪的建筑落成后，受到多方指责，但现在已成为巴黎市最受欢迎的文化艺术活动场所，也成为西方当代新建筑的著名代表作。

拉·维莱特公园

Parc de la Villette

地　　点：法国巴黎
建造时间：1984—1998年
建 筑 师：伯纳德·屈米
建筑风格：解构主义

→ 建筑设计大师伯纳德·屈米，其作品强调建立层次的模糊及不明确的空间。

拉·维莱特公园建造于"解构主义"这一艺术流派逐渐被广大设计师认可的年代。解构主义是当时非常新派的艺术思潮，将既定的设计规则加以颠倒，反对形式、功能、结构之间的有机联系，提倡分解、片段、不完整、无中心、持续地变化，认为设计可以不考虑周围的环境等，给人一种新奇、不安全的感觉。

一条乌尔克运河把公园分成了南北两部分，北区展示科技与未来的景象，南区以艺术氛围为主题。公园的设计是用点、线、面三种要素叠加。点就是26个形式不一的红色搪瓷钢板构成的"疯狂物"，出现在120米×120米的方格网的交点上，有些仅作为点的要素存在，有些点景物作为信息中心、饮食小卖部、咖啡吧、手工艺室、医务室之用。线的要素有长廊、林荫道和一条贯穿全园的弯弯曲曲的小径，这条小径连接了公园的10个主题园，也是条公园的最佳游览路线，徜徉其间，几乎公园所有的特色景观与游憩活动都被——串联。它的要素就是10个设计风格迥异的主题花园。其实拉·维莱特公园的多样性更多的是体现在各个主题花园的处理上，而不是公园的整体框架上。与凡尔赛宫中的小园林一样，主题花园也是拉·维莱特公园中最有趣和吸引人的地方，它满足了不同文化层次及年龄的游人需要。

→ 20世纪70年代以来，在改善城市环境及保护自然生态思想兴起的同时，为不同阶层、不同年龄的市民提供各种各样活动的休闲公园在欧洲大量出现。结合巴黎市的改建，巴黎建造了一系列现代园林，最著名的就有拉·维莱特公园。

"镜园"是在欧洲赤松和枫树中竖立的20块整体石碑,一侧贴有镜面,镜子内外景色相映成趣,使人难辨真假;"风园"造型稳中有降的游戏设施、让儿童体会微妙的动感;"水园"着重表现水的物理特征,水的雾化景观与电脑控制的水帘、跌水或滴水景观经过精心安排,同样富有观赏性,夏季又是儿童们喜爱的小游水池;"葡萄园"以台地、跌水、水渠、金属架、葡萄苗等为素材,艺术地再现了法国南部波尔多地区的葡萄园景观;而下沉式的"竹园"为的是形成良好的小气候,由30多种竹子构成的竹林景观是巴黎市民难得一见的"异国情调";处于竹园尽头的"音响园厅"与意大利庄园中的水剧场有异曲同工之妙;"恐怖童话园"是以音乐来唤起人们从童话中获得的人生第一次"恐怖经历";"少年园"以一系列非常雕塑化和形象化的游戏设施来吸引少年们,架设在运河上的"独木桥"让少年们体会走钢丝的感觉;最后,"龙园"是以一条巨龙为造型的滑梯,吸引众多儿童及成年人跃跃欲试。

↓→ 拉·维莱特公园中到处都可以看到奇形怪状的建筑和富于金属气息的装饰物。

温莎古堡

Windsor Castle

地　　点：法国伦敦
建造时间：1070年
占地面积：70000万平方米

→ 温莎古堡上的皇家徽标

　　早在 11 世纪，征服者威廉一世为防止英国人民的反抗，在伦敦周围郊区，建造了 9 座相隔 32 千米左右的大型城堡，组成了一道可以互相支援的碉堡防线。温莎古堡是 9 座城堡中最大的一座，坐落在泰晤士河岸边一个山头上，建于 1070 年，迄今已有近千年的历史。

　　经过历代君王的不断扩建，到 19 世纪上半叶，温莎古堡已成为拥有众多精美建筑的庞大古堡建筑群。所有建筑都用石头砌成，共有近千个房间，四周是绿色的草坪和茂密的森林。

　　温莎古堡分为东西两大部分。东面的"上区"为王室私宅，包括国王和女王的餐厅、画室、舞厅、觐见厅、客厅、滑铁卢厅等。这里以收藏皇家名画和珍宝著称。滑铁卢厅是为庆贺滑铁卢战役胜利而建的，在宽敞高大的长方形大厅内，墙壁上挂满在滑铁卢战役中立下战功的英国战将的肖像，屋顶上悬挂着巨大的花形水银吊灯。西面的"下区"，是指从泰晤士河登岸进入温莎堡的入口处，这里有两座著名的教堂。

← 俯瞰温莎城堡

圣乔治教堂在"下区"中部，始建于 1475 年，是一座哥特式建筑，塔尖高耸入云，其建筑艺术成就在英国仅次于伦敦市区的威斯敏斯特教堂，以细致艳丽的彩绘玻璃著称。艾伯特教堂在"下区"东部，原作为亨利七世的墓地而建，后由维多利亚女王改为安放其丈夫艾伯特遗体的教堂，教堂内有艾伯特亲王纪念塔。

在温莎古堡中央的高岗上，耸立着一座被玫瑰花园围绕的 12 世纪建造的圆塔，是古代的炮垒，现在城垣上还设有古炮。后经乔治四世在其上增建了巍峨的冠顶部分，使之成为古堡内的最高建筑。登上塔顶，可观温莎镇全景。温莎古堡的东、北两面环绕着霍姆公园，南面是温莎大公园，里面有森林、草地、河流和湖泊。

↓ 温莎古堡的一角，堪称富丽堂皇。

↑ 温莎古堡城垣上的古炮

建筑与人文：
浪漫的爱情

据说戴安娜和查尔斯王子就是在温莎古堡中相遇的，后来查尔斯王子又与他的老情人卡米拉在温莎古堡的圣乔治大教堂谢罪并完婚。温莎古堡中涂满了爱情的曲曲折折，跌跌宕宕。然而，温莎古堡并不是一个让人对爱情泄气的地方，在温莎古堡中还流传着一段美好的爱情榜样，那就是至高无上的维多利亚女王和她的丈夫艾伯特亲王。

↑维多利亚女王夫妇和孩子们

1840年维多利亚女王与艾伯特亲王开始了他们的幸福婚姻，他们的婚姻充满着浪漫色彩。艾伯特亲王是一名艺术家，他以为维多利亚设计珠宝来表达对妻子的爱意。而维多利亚女王也用其独特的方法告知世人，她最爱的是艾伯特。那就是把艾伯特的画像制成手镯，并终身佩戴。不幸的是，艾伯特亲王在42岁英年早逝，成为女王一生最大的遗憾。她此后一直伤心隐居于温莎城堡并终身穿着黑装，以至于被人称为"温莎寡妇"。她在丈夫艾伯特死后就没有穿过华丽的衣裳，手上依旧带着那个印有丈夫画像的手镯。心中对深爱的人的怀念让她没有再嫁，她总是在教堂中与亡夫喃喃细语，以告哀思。

还有那位"不爱江山爱美人"的温莎公爵。在英国皇室中，有着这样一个传统：皇室不能接纳离过婚的女人成为皇后。因此，继位仅仅几个月的温莎公爵因为热恋离过两次婚的美国妇人辛普森夫人，最终在1936年12月10日自愿签了退位书，而且在退位宣言中对全世界表明："我不是国王，我只是一个恋爱中的男人"，因而使温莎古堡更添浪漫色彩。温莎公爵在与爱妻于温莎古堡度过一段美丽的蜜月时光之后，便离开了英国，前往法国，开始了他被放逐的生活，一生不曾回国，空留下点点浪漫的色彩笼罩着温莎古堡。

温莎的由来

温莎的古语是Windlesora，意思是"河边有吊东西用的绞盘的地方"。皇室会采用这个封号，是因为自古英国国王都是用日耳曼风格的名。可是在第一次世界大战时，德国成为了英国最顽强的敌人，1917年，英国皇家将这座皇宫正式改名为英格兰式的The House Of Windsor。

圣保罗大教堂

St.Paul's Cathedral

地　　点：法国伦敦
建造时间：1675—1710年
占地面积：5946平方米
建 筑 师：克里斯托弗·雷恩
建筑风格：古典主义

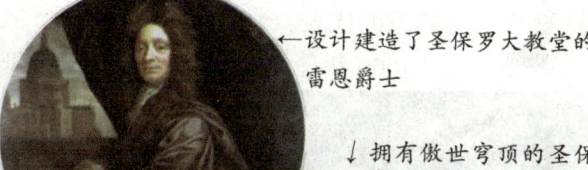

←设计建造了圣保罗大教堂的雷恩爵士

↓拥有傲世穹顶的圣保罗大教堂

　　伦敦圣保罗大教堂是英国国教的中心教堂，被誉为古典主义建筑的纪念碑。大教堂原方案的平面是希腊十字形，带有一个凸出的门廊。教会要求有一个较长的大厅，以适应传统礼仪的需要，因而改成中世纪典型的拉丁十字形平面，长短方向均为三开间，每跨上空均有蝴蝶形穹隆，距地27.73米，建筑总高108米。在十字交叉处，是一个中心大厅，专供举行盛大典礼使用，中央穹顶高耸，由底下两层鼓形座承托。穹顶直径34.2米，由下向上收缩，顶径30.8米，上部承托着一个灯塔型的顶窗，顶窗上有圆球和十字架，最高处离地112米。穹顶共重850吨。

穹隆由三层构成，最内一层是厚 0.46 米的带有中央窗眼的砖砌穹顶；其上第二层是砖砌锥形穹隆；最外一层，即露于室外部分是用木料架起，外面钉以铅板的穹隆。

正门的柱廊也分为两层，恰当地表现出建筑物的尺度。四周的墙用双壁柱均匀划分，每个开间和其中的窗子都处理成同一式样，使建筑物显得完整、严谨。但两旁仍有两座颇具哥特遗风的钟塔，为英国古典主义建筑的代表。

1666 年一场大火将原有的一座哥特式大教堂毁于一旦。现存建筑是英国著名建筑设计大师克里斯托弗·雷恩爵士营建的。工程从 1675 年开始，直到 1710 年才告完工，共花费 75 万英镑。为了这一伟大的建筑艺术杰作，雷恩整整花费了 45 年的心血。

圣保罗大教堂是世界三大圆顶教堂之一，其他两座分别为梵蒂冈的圣彼得教堂和意大利的米兰大教堂。中世纪的罗马教堂从古典建筑中汲取的特殊的、略带冷峻的、严肃而端庄的美，采用了拜占庭时代第一批教堂、寺院的结构，重新组合了门厅、后殿及堂内的祭坛、凯旋拱门，给了它们一种新的秩序，创造了一种新的模式。

← 英国人似乎对于大钟"情有独钟"。

建筑与人文：
荣耀的见证

英国历史上著名的海军上将纳尔逊（1758—1805年）和英国首相惠灵顿将军（1769—1852年）的墓室，就在这里。这两位将军都是19世纪初期同拿破仑作战的英雄。纳尔逊在1805年10月21日指挥了特拉法尔加地角大海战，以少胜多，击败了法国和西班牙的联合舰队，打破了拿破仑登陆英国的企图。惠灵顿在1815年6月18日指挥的滑铁卢战役，使拿破仑遭到了毁灭性的惨败。英国人对于这两场反侵略战役的胜利，至今还引以为荣。

↑ 装饰精美的圣保罗大教堂，查尔斯王子和戴安娜王妃曾在这里举办婚礼。

在圣保罗大教堂里还埋着两名11世纪的撒克逊国王。盎格鲁—撒克逊人是英国人的祖先。公元410年，罗马占领军开始从英国撤退，居住在北欧的盎格鲁—撒克逊和朱庇特人开始大举侵入不列颠境内。不列颠岛上的克尔特居民对侵入的反抗到7世纪初才基本上结束。大约6世纪末到7世纪初，在盎格鲁—撒克逊人所征服的不列颠领土上出现了许多各自为政的小王国。伦敦属于东撒克逊王国，所以东撒克逊国王于7世纪初在这里兴建了第一座圣保罗大教堂。经过长期的分裂和混战，终于在10世纪初形成了统一的英吉利王国。统治这个国家的盎格鲁—撒克逊人，把他们的国王习惯地称为撒克逊王。圣保罗大教堂里埋葬着的这两名撒克逊王，已经是撒克逊王朝末期的国王了。后来，教堂虽经几次重建，但他们的墓室一直被保存下来。

1965年当丘吉尔的遗体被送往圣保罗教堂举行国葬时，沿途密密麻麻的人群，一排接一排，顶着刺骨的寒风等着护灵队伍的到来。这个历时5小时的葬礼通过电视向全世界作了现场转播，全球约有2500万人观看了这次葬礼。

↑ 华美至极的彩色玻璃画

英国国教

英国国教是英国在宗教改革中建立的民族教会,也称英格兰圣公会或安立甘教会。英国国教也传播到爱尔兰、苏格兰和英属殖民地。16世纪,英国专制王权与罗马教廷争夺英国教会最高统治权和经济利益的斗争加剧。资产阶级和新贵族也觊觎教会占有的大量土地财产,这些矛盾由于教皇迟迟不批准亨利八世的离婚请求而演变成公开对抗。自1529年起亨利八世操纵议会实行自上而下的宗教改革,先后通过法令禁止向教廷纳贡,取消其最高司法权和其他种种特权。1534年的《至尊法案》正式宣布国王为英教会的最高首脑,建立脱离罗马教廷的英国国教会,从此英国国王或王后成了英国国教的最高统治者。但保留了天主教的主教制、重要教义和仪式。爱德华六世时国教教义和仪式逐渐接近于新教。1553年玛丽女王登位后一度复辟天主教。1558年伊丽莎白一世即位,重立英国国教会,规定官方教义和礼仪,镇压不服从国教的天主教徒和清教徒。1563年颁布《公祷书》和《三十九条信纲》,规定英国国教的教义,以圣经为信仰的唯一原则,否认教皇的权力。在17世纪英国革命中废除作为维护专制君主制和对抗清教运动工具的国教会。1660年斯图亚特王朝复辟后再次恢复国教会,并企图转向罗马旧教。1688年政变后国教会深受加尔文教影响,逐渐变成资产阶级化的教会。18世纪和19世纪分别出现过提倡新教传统的福音运动和强调天主教传统的牛津运动,这两派继续存在于圣公会内。

↑ 1553年玛丽女王即位后曾一度复辟天主教。

英国国教的两大主教分别为:坎特伯雷大主教和约克大主教。坎特伯雷大主教是英国国教的教主,其次为约克大主教及英国上议院中占据席位的24位主教,及其他18位主教。因此包括两位大主教在内,英国共有44位主教。每个主教管辖一个区域,称为主教管区。每个主教管区有一个大教堂,有的已有上千年的历史,可追溯到公元11世纪或12世纪。每个主教管区又分多个教区,每个教区由教区牧师管辖。其中有些大的教区,牧师经常配有一个助手,叫做副牧师,来帮助其管理事务。

古典主义建筑

广义的古典主义建筑指在古希腊建筑和古罗马建筑的基础上发展起来的意大利文艺复兴建筑、巴洛克建筑和古典复兴建筑,其共同特点是采用古典柱式。狭义的古典主义建筑指运用"纯正"的古希腊罗马建筑和意大利文艺复兴建筑样式和古典柱式的建筑,主要是法国古典主义建筑,以及其他地区受它的影响的建筑。古典主义建筑通常是指狭义而言的。

伯伦罕姆府邸

Blenheim Palace

地　　点：英国牛津郡
建造时间：1704—1720年
建 筑 师：凡布娄

　　18世纪初，英国新贵族和一部分富商建造的府邸成为了欧洲建筑活动的中心。这些新府邸规模宏大，应用严格的古典手法，追求森严傲岸的风格。牛津郡的伯伦罕姆府邸就是其中比较有代表性的实例。

　　伯伦罕姆府邸全长261米，其中主楼长97.6米。其平面型制受到凡尔赛宫的影响，是英国文艺复兴时期最大、最著名的府邸。主楼第一层进门就是宽敞富丽的大厅，装饰着科林斯式柱子、壁龛和雕像。大厅后面是沙龙，朝向花园。沙龙左右是主要的卧室和起居室，楼梯在大厅的两侧。

　　伯伦罕姆府邸的主人曾任英军统帅，是争夺殖民地的悍将。建筑师凡布娄是英国扩张主义政策狂热的拥护者，所以，他在他所崇拜的"英雄"的府邸上力求表现凯旋的激情。大块石墙面、巨柱式的柱子和壁柱，起伏剧烈的轮廓，沉重的体积，造成十分刚强有力的形象。伯伦罕姆府邸的风格铺张扬厉，盛气凌人。

↓ 整个伯伦罕姆府邸洋溢着偏激与狂热的色彩，是英国殖民政府的象征。

建筑与人文：

府邸

府邸是英国资本主义经济发展的主要特点之一。当时一些贵族从事资本主义经营，一些资产阶级购买土地，建设农庄。庄园府邸一时大盛，带动了建筑潮流的变化。

大贵族们从中世纪的寨堡中推窗外望，发现同当时新型的府邸相比，他们阴暗的塔楼简直就是监狱。于是，他们也急急忙忙按照时兴的样式建造府邸，但规模更大，水平更高。

→ 到了16世纪，曾经是身份与地位象征的寨堡显得过时了。

↓ 随着府邸的日渐流行，其配备与功能也逐渐完善起来。

庄园府邸成了16世纪欧洲的代表性建筑物。

中央集权的民族国家建立之后，国内比较和平，府邸从险要的冈阜搬到庄园的平地上，渐渐失去了防御性功能。平面趋向整齐，吊桥、碉楼之类没有了，或仅作为一种形式而留下痕迹。

到16世纪，大型府邸都是四合院式的，一面是大门和次要房间，正屋是大厅和工作办事用房，起居室和卧室在两厢。后来，大门这一面没有了，只留下一道围墙或栏杆。再后来，两厢也渐渐退化而成为集中式大厦两端的凸出体。

府邸中有了一些新的房间，如书斋、休息室、儿童室、洗衣间、备餐间等，客厅还分冬季用的和夏季用的。到16世纪后半叶，甚至有图书室、画廊、杂志室、瓷器室等。这些新内容的增加，显示出新贵族和资产阶级的生活领域扩大了，文化水平提高了，兴趣广泛了，事业活动积极了，不像旧贵族那样饱食终日、无所用心。

大英博物馆

The British Museum

地　　点：英国伦敦
建造时间：1823—1847年
占地面积：6.7万平方米
建 筑 师：罗伯特·斯密尔克
建筑风格：新古典主义
结构形式：砖、石、木、铸铁及穹顶结构

→ 大英博物馆建筑设计师
罗伯特·斯密尔克爵士

　　建筑的正面中央采用古希腊神庙的形式，立面两端向前凸出，整个正立面由44根爱奥尼克式柱构成的柱廊形成。虽然正立面有很大的凹凸变化，但正面柱廊的爱奥尼克式柱完全一样，比例尺度等严格参照雅典卫城上伊瑞克提翁神庙的柱式。在规模上，大英博物馆与柏林皇家美术馆相仿。现存建筑中的直径为42米的铸铁结构的穹顶，是在1854年以后建造的，反映了工业革命对建筑结构材料的影响。

↓ 大英博物馆是世界上历史最悠久、规模最宏伟的综合性博物馆，也是世界上最著名的博物馆之一。

　　1994年开始，博物馆开始着手改建计划，并公开竞标，最后竞标结果是英国设计师胜出。在博物馆的正中央有一个图书馆，因此在1998年的施工过程中，怎样改建这个中心点就成了一个令人关注的问题，成了工程的设计重点。在此采用了与贝聿铭改建卢浮宫时相似却又不同的方法，将博物馆原来的青铜屋顶用透明的玻璃包起来，虽然也用了现代感强的玻璃材质做顶，但形状却还是古典的圆顶，这令人联想到圣保罗大教堂、罗马的万神庙等众多具有大圆顶的古典建筑。因而，虽说材料更新了，但整个建筑的古典意味仍旧很浓，且占主导地位。再看卢浮宫的三角金字塔尖顶则相对来说要摩登许多，因为几何元素占了很大比例。

　　改建后的中庭成为了博物馆真正的中心，一个采光好、气氛轻松，人们可以吃喝、购物、休闲，交流观摩心得的公共空间。通过玻璃圆顶，自然光与白色大理石交相辉映，给视觉造成了一种崭新的冲击感。博物馆重建的目的除了在视觉上更令人舒适外，当然还有功能上的巨大改善。在原来的基础上博物馆还加建了一个教育中心、两个视听中心、五间会议厅以及一个开放式的活动空地，可举办各种演讲及聚会活动。

↓ 大英博物馆的镇馆之宝——《亚尼的死者之书》（局部）

世界四大博物馆的镇馆之宝

　　巴黎卢浮宫博物馆：1793年开放，是纵览欧洲艺术史的殿堂。最重要的镇馆三宝是《米洛的维纳斯》、《蒙娜丽莎》和《萨莫特拉斯的胜利女神》。《蒙娜丽莎》是意大利著名画家达·芬奇于1504年左右创作的，画中的蒙娜丽莎成为美学的、哲学的象征性形象，早已成为达达主义和超现实主义画家模仿的对象。

　　伦敦大英博物馆：1759年开放，是世界上第一座对民众开放的博物馆，收藏与展示的包括四大文明。镇馆之宝是《亚尼的死者之书》。

　　纽约大都会博物馆：1880年开放，号称西半球最大的博物馆，300多万件藏品，树立了现代美术馆成功经营的典范。镇馆之宝是德加的《舞蹈教室》。

　　俄罗斯埃米塔什博物馆（冬宫）：1863年开放，位于圣彼得堡，原本是女皇叶卡捷琳娜二世的私人博物馆。镇馆之宝是《伏尔泰坐像》。

英国国会大厦

West Minister Palace

地　　点：英国伦敦
建造年代：1840—1868年
建 筑 师：查尔斯·巴雷爵士、E.M.巴雷、奥古斯塔·普金
建筑风格：哥特复兴建筑

→ 古典主义建筑大师查尔斯·巴雷爵士

  英国国会大厦内有1000间房间，自13世纪以来此处便是英国国会开会之处，也兼为国王宫殿。但1512年发生大火后，英王爱德华六世在1547年把它拨给下议院，从此成为国会大厦。这里的威斯敏斯特教堂大厅建于1097年，是唯一剩下来的旧建筑部分，分上议院和下议院。

  西敏大厅东侧有一座世界闻名的"大笨钟"。大笨钟每小时报时一次，钟声响起时远近可闻，且十分准时，英国广播公司电视台也是依据此钟报时。

  国会大厦又称新威斯敏斯特宫，以区别于1834年焚毁的旧宫。1836年，古典主义建筑师查尔斯·巴雷爵士受命设计，1840年动工，60年代在其儿子E.M.巴雷主持下完成。浪漫主义建筑师奥古斯塔·普金被任命为巴雷爵士的助手，负责这幢建筑物的装饰。

↓ 远眺新威斯敏斯特宫，左侧为维多利亚塔，右侧为大笨钟。

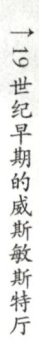

→19世纪早期的威斯敏斯特厅

→国会大厦前的雕像

国会大厦的平面基本是古典主义的形式。在纵横两个轴线的交点上设八角形的中央大厅。其南侧是上院，北侧是下院。两院都有大量的附属房间，包括办公楼、餐厅、图书室、休息室等，使用很方便。大厦的正面朝西，因照顾一些旧建筑物而不对称。东面濒临泰晤士河，长达267米，是古典主义式构图，对称而整齐，细节表现了垂直式哥特建筑风格的特点。北端的大钟塔高96米，南端的维多利亚塔高102米，两者的形式差别很大，强烈的对比造成了浪漫主义所追求的变化丰富的轮廓线。大厦全部选用灰色石块，采取传统的拱券结构方法建造。

这组建筑有三大特点：首先是建筑造型采用了地道的哥特式细部，反映了当时哥特复兴的倾向；其次是这组建筑非常严谨，但平面并不完全对称，它必须适应新西敏寺大厅的功能需要；第三是不规则不对称的塔楼组合与丰富的天际线，尤其是从河岸一边看去，如同优美的图画一般。

大笨钟

国会大厦只有一部分是世人一下就能认出的，那就是"大笨钟"，但是几乎人人都说得不甚准确，因为"大笨钟"是鸣声报时的大钟的名字，而装有这只大钟的高塔的确切名字叫钟塔。巨钟的四个钟面，直径有6.7米，机件重5吨，敲击出低沉浑厚钟声的大钟重13.5吨。尽管大钟硕大无朋，走时却很准确，误差几乎从未超出一秒。钟塔里有几间监禁室，用来关押那些行为不轨的议员。但自1880年之后，一直没有用于这种用途。钟塔的顶端有一个窗口，当窗口出现灯光时，说明议会正在开会。

伦敦塔桥

London Tower Bridge

地　　点：英国伦敦
建造时间：1886—1894年
建 筑 师：霍勒斯·琼斯和约翰·沃尔夫·巴里
建筑风格：巴洛克

塔内控制桥面的传动结构

桥面可以打开方便高船通过

　　伦敦塔桥是一座吊桥，因位于伦敦塔附近而得名。最初为一木桥，后改为石桥，现在是座拥有 6 条车道的水泥结构桥。河中的两座桥基高 7.6 米，相距 76 米，桥基上建有两座高耸的方形主塔，为花岗岩和钢铁结构的方形五层塔，高 40 多米，两座主塔上建有白色大理石屋顶和五个小尖塔，远看仿佛两顶王冠。两塔之间的跨度为 60 多米，塔基和两岸用钢缆吊桥相连。桥身分为上、下两层，上层（桥面高于高潮水位约 42 米）为宽阔的悬空人行道，两侧装有玻璃窗，行人从桥上通过，可以饱览泰晤士河两岸的美丽风光；下层可供车辆通行。从外表来看，塔桥的两端是维多利亚时代的砖石塔，但实际上塔身的结构主要是钢铁的。里面装有用来开合各重 1000 吨桥梁的水力机械。塔桥自建成至今，机械功能一直正常，从未发生故障。巨轮鸣笛致意后，上升机械只需一分钟便能使桥面升起。

　　塔桥从 1895 年全面投入使用以来，桥面一共张开过 6000 多次，平均每星期张开 10 次。塔桥需要 25 个人负责它的操作和维护。负责人帕特森说，打开桥面需要 5 个人，控制室里有 1 个人，另外 4 个人在外面监控路面情况。

　　从远处观望塔桥，双塔高耸，极为壮丽。桥塔内设楼梯上下，还设有博物馆、展览厅、商店、酒吧等。登塔远眺，可尽情欣赏泰晤士河上下游十里风光。

威斯敏斯特教堂

Westminster Abbey

地　　点： 英国伦敦
建造时间： 1895—1903年
建筑风格： 19世纪折衷主义建筑
结构形式： 砖、石、铁、拱、穹顶及木结构

↑教堂墙面上的皇权标识

　　威斯敏斯特教堂主要由教堂及修道院两大部分组成。教堂平面呈拉丁十字形，主体部分长达156米，本堂两边各有侧廊一道，上面设有宽敞的廊台。本堂宽仅11.6米，然而上部拱顶高达31米，是英国哥特式拱顶高度之冠，故而本堂总体显得比例狭高，巍峨挺拔。耳堂总长62米，与本堂交会处的4个柱墩尺寸很大，用以承托上部穹顶。穹顶以西是歌唱班的席位，以东是祭坛。

威斯敏斯特教堂正面观，其比邻英国国会大厦和首相官邸，其政治影响可见一斑。

威斯敏斯特教堂内部走廊天顶

　　教堂西部的双塔（建于1735—1740年）高达68.6米。平衡本堂拱顶水平推力的飞拱横跨侧廊和修道院围廊，形成复杂的支撑体系。教堂东端，即教堂中轴线的末端，原是圣母礼拜堂，后来毁坏。16世纪初，在这个位置上建起了一个规模更大的礼拜堂（建于1503—1519年，另说建于1502—1512年），即著名的亨利七世礼拜堂，这是英国中世纪建筑最杰出的代表作品，由罗伯特·渥都设计。礼拜堂本身就是一个小教堂，有独立的本堂和两边侧廊，陵寝设在一端。其巨大的扇形垂饰和宛如倒挂着的晶莹华美的钟乳石拱顶，设计大胆，构思巧妙，拱肋图案别具一格，是整个建筑中精彩之处，被认为是"所有基督教国家中的至美之所"。室内墙上满布壁龛，龛内共立有95个雕像。教堂内还有许多如亨利七世礼拜堂这样的献给死去君主的建筑，使人不得不惊叹威斯敏斯特教堂内别有洞天。如祭坛东端的圣·爱德华礼拜堂，其中央的爱德华祠墓建于1269年，是世界各地香客的朝圣之处。主祠周围还有亨利三世及其他国王祠墓，形成一个各个时代的雕刻博物馆，尤其是东端的亨利五世墓堂更以雕饰华美著称。建筑此教堂的初衷就是将它作为英国国王的墓地，事实上，从亨利三世到乔治二世二十多位国王的确都葬在了这里。

　　教堂南侧的修道院创建于13世纪，是一方形庭院，周围设开敞拱廊，拱廊周围另有许多附属建筑物。此外修道院庭院东南一侧，还有宝库厅和地下小教堂。后者为一长方形厅堂，现为寺院博物馆，馆内陈列着国王、王后和贵族们在葬礼中放置在无盖棺材中供人凭吊的雕像。这些雕像都是根据死后面容模制下来的，造型真实生动。

　　威斯敏斯特教堂的柱廊恢宏凝重，拱门镂刻优美，屏饰精致，玻璃色彩绚丽，双塔嵯峨高耸，整座建筑金碧辉煌又静谧肃穆，被认为是英国哥特式建筑中的杰作。

　　作为英国中世纪建筑的主要代表，威斯敏斯特教堂的建筑风格和特点虽然在马拉松式的建造年代中不断地推移变化，从诺曼式、哥特式，一直到早期文艺复兴的式样。不过，它的基本特色仍属于哥特式，历经七百多年的修葺而犹能保持原貌。

建筑与人文：
威斯敏斯特教堂历史

　　威斯敏斯特教堂不仅是宗教圣地，而且是英国王室的活动场所。1066年，哈罗德二世在此加冕，他是第一个在此加冕的国王。同一年的圣诞节，征服者威廉也在此加冕，从此之后所有的英国君主（除了爱德华五世和爱德华八世）都是在威斯敏斯特教堂加冕。一般都由坎特伯雷大主教为国王加冕，只有哈罗德二世和征服者威廉是由约克大主教加冕的。王室的结婚、葬礼等仪式也在这里举行。威斯敏斯特教堂不仅是20多位英国国王的墓地，也是一些著名政治家、科学家、军事家、文学家的墓地，其中有丘吉尔、牛顿、达尔文、狄更斯、布朗宁等人之墓。

↑威斯敏斯特教堂华美的穹顶及彩色玻璃花窗

↑威斯敏斯特教堂内的加冕礼椅子

↑1953年6月2日，伊丽莎白二世正式在威斯敏斯特教堂加冕，成为英国女王。

威斯敏斯特教堂

　　教堂原名"Westminster Abbey"，直译为"西区修道院的教堂"，因此传统上用音意合译法称为"西敏寺"。后来此地以寺名为地名，发展为后来的"威斯敏斯特"，成为伦敦市中心的两个市级区之一（另一个是伦敦城）。1579年以后，教堂更名为"The Collegiate Church of St Peter at Westminster"，直译为"威斯敏斯特的圣彼得牧师团教堂"，名称中的"Westminster"已不是寺名而是地名了。所以在中国大陆，按照地名一律音译的规则，改译为"威斯敏斯特的圣彼得牧师团教堂"，而威斯敏斯特也改译为威斯敏斯特市。

英国国家剧院
Britain's National Theater

地　　点：英国伦敦
建造时间：1969—1976年
建　筑　师：拉斯顿

← 英国现代建筑大师拉斯顿

↓ 夜幕下的英国国家剧院

← 粗糙的表面质朴而有力

　　英国国家剧院由大小三个剧场组成。两座高塔由中部凸起，标志着奥利弗剧场和利特顿剧场的后台。在建筑总体构图上占主导的是水平方向延伸、层叠布置、粗壮有力的平台，就像地质学上的地层似的联系着室内和室外。它不仅使内外空间互相渗透，而且也成为表现建筑特色的基本语汇。它不仅为幕间休息的观众提供了小憩信步的场地，而且还好像把剧场空间伸展到社会生活中去了。

　　这一建筑无所谓主要立面和次要立面，只是坦然地铺陈开来，穿插到城市中去，融汇在环境中。它不是孤立的，也不是块状的纪念碑，而是城市风光的有机组成部分。

　　建筑物表面粗糙，空间丰富，形象有力，外观独特。

曼彻斯特帝国战争博物馆

Imperial War Museum North

地　　点：英国曼彻斯特
竣工时间：2001年
建 筑 师：丹尼尔·里伯斯金

←著名建筑设计师丹尼尔·里伯斯金，其出生于波兰一个纳粹大屠杀幸存者的犹太人家庭，双亲及兄弟姐妹都经历过奥斯威辛集中营的迫害。

　　外形像一座大型雕塑的曼彻斯特帝国战争博物馆，是由三大曲面体块所构成。这三大象征着"破裂的地球碎片"的体块，分别代表陆地、海洋及天空，建筑师里伯斯金借此反映20世纪的帝国战争在陆海空全面进行下对地球所造成的影响。代表天空的碎片是一个斜度4.5、高度达55米的瞭望塔，这也是整座建筑的首要入口，有直达顶层的电梯；站在瞭望塔上，视觉可以完全穿透镂空的镀锌钢隔栅地板，直接透视到地面，访客也可以从塔上的开口鸟瞰港湾。但倾斜的观景窗以及暴露在外的粗大钢结构似乎让人们的观景心情并不是那么舒畅，事实上，这也是建筑师有意为之，目的就在于让参观者进入到一种战争中不稳定的、危难状态。代表陆地的碎片，里头的空间是博物馆展场；展场的地板有些微微弯曲，这是设计者刻意呈现的地球曲度。建筑内部昏暗的光线以及各种展品、视听设备等带来的冲击，让人不由自主地成为了战争的主角。代表海洋的碎片，主要作为餐厅和咖啡厅使用，访客在此可俯视港湾区的船艇与运河风光。建筑室内的设置也都表现出一种温馨平和的气氛，以抚慰参观者的心情。

　　方案除了考虑主体建筑的象征意义以及博物馆应有的一些实质展示机能外，还有另一重要考虑是如何吸引访客到来。里伯斯金说："必须设计一个让人觉得有趣，而且会想再来的地方。"结果，他成功了。当然这不只是建筑师的功劳，展览设计也是关键所在：建筑就像人的身躯，展览设计如同人的灵魂，少了灵魂的躯壳不过是臭皮囊罢了！

伯明翰百货公司

Selfridges Department Store

地　　点：英国伯明翰
竣工时间：2003年
建 筑 师：Amanda Levete和Jan Kaplicky共同主持

　　这座外形柔和有曲线美，既创新又吸引人的百货公司，自2003年9月开幕以来，已成为伯明翰的新地标。

　　伯明翰百货公司有一个超炫的流线型外观，事实上，这个曲面造型不是由建筑师凭空想象出来的，它其实是反应基地的自然曲线；因为建筑处于街区转角处，平面呈不规则的椭圆形。水平方向随着街廓边缘扭转，垂直方向则是每两层改变一次曲率。此外，蓝色的防水外墙上贴了15000片的圆铝片，闪烁耀眼，并且立面上开设有不规则的窗口；弧线形的开窗和入口设计就像是未经修饰的嘴唇。

　　建筑内部也大量使用了曲线。建筑内部中央设计了三层巨大的环形走廊，这些走廊同时在建筑中部形成通敞的天井，也同时成为巨大的中庭，而与此相对的是顶部透明的玻璃顶棚，给建筑内部带来了充足的自然光照。在建筑主要入口处的外立面上还设置了3个不规则形的大窗口，这也是从外部来分辨楼层的依据。

　　就百货公司而言，这座建筑本身无疑就是最好的商标。

↓ 虽然外观很古怪，但是百货公司内部充满了现代化的便利设备。

英国广播公司格拉斯哥总部大楼

The headquarters of the BBC, Glasgow

地　　点：英国格拉斯哥
建筑面积：34000平方米
建 筑 师：大卫·切波菲尔德
评　　价：英国首相布朗称："它开启了英国广播公司以及苏格兰和不列颠传媒业的新未来，让整个格拉斯哥获得了新生。"

↑当今世界上最伟大的建筑设计师之一——大卫·切波菲尔德

这幢建筑耗资1.8亿英镑，为欧洲第一座全数码的高端广播设施，也是英国第二大电视制作场所，4层楼高，其中有500平方米的公共接待区及咖啡馆，能够容纳1200名员工。中庭巨大的阶梯和平台提供了非正式的会见区。

↓英国广播公司格拉斯哥总部大楼

←现代感十足的大楼内部情形

建筑师将许多数字化的理念应用到这幢大厦里,将采光和通风完美融合到每一个公共空间。充满戏剧性的320级台阶被称为"建筑内的人造山坡",实现底层入口与顶层的员工餐厅间的直接连通,其设计目的在于缓解大厦内的人流压力,提升空间创意性,建筑的技术和办公层结合在一起。设计师的创意目标与业主的使用要求同时得到满足。这也是建筑师的大手笔所在。

相对内部空间的高妙,建筑外观却较为平实,处处体现着工业美学的特质:裸露的混凝土圆柱,穿孔金属板的包覆,仓储式天窗和大梁。搭起了一个简单的长方体,中间为中庭的山坡留出了空间。

英国广播公司

英国广播公司(British Broadcasting Corporation),简称BBC,成立于1922年,由几个大财团共同出资,包括马可尼(Marconi)、英国通用电气公司(GEC)、British Thomson Houston等。公司草创时最初的目的是建立一个覆盖全国的广播传输网络,以为今后的全国广播提供便利。

1927年,BBC获得皇家特许状,由理事会负责公司的运作,理事会成员由政府任命,每人任期4年,公司日常工作则由理事会任命的总裁负责。1936年11月2日,BBC开始了全球第一个电视播送服务。电视广播在二战中曾经中断,于1946年重新开播。1953年6月2日,BBC现场直播伊丽莎白二世在威斯敏斯特教堂的登基大典。

英国广播公司长久以来一直被认为是全球最受尊敬的媒体之一。在相当长的一段时间内,BBC一直垄断着英国的电视、电台。在1955年英国独立电视台和1973年英国独立电台成立之前,BBC一直是全英国唯一的电视、电台广播公司。

如今,BBC除了是一家在全球拥有高知名度的媒体,还提供其他多种服务,包括书籍出版、报刊、英语教学、交响乐团和互联网新闻服务。

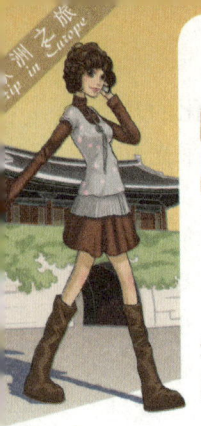

科隆大教堂

The Cathedral of Cologne

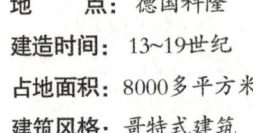

地　　点： 德国科隆

建造时间： 13~19世纪

占地面积： 8000多平方米

建筑风格： 哥特式建筑

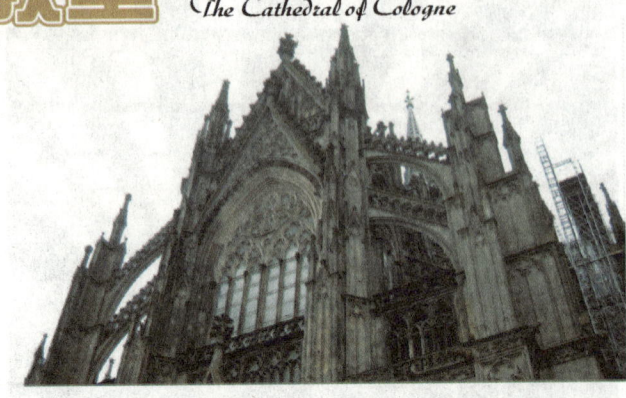

↑科隆大教堂标志性的尖顶和繁复又华丽的雕饰

科隆大教堂伫立在莱茵河畔的一座山丘上，是德国最大的天主教堂。它的平面呈拉丁十字形，南北宽 83.8 米，东西长 142.6 米，内有 10 个礼拜堂。科隆大教堂是仿照法国亚眠大教堂建造的，但也有许多自己的特点。大教堂的长厅被分为了 5 部分，中庭宽 6 米，高 46 米，宽与高的比例大约为 1∶4，是所有大教堂中最狭窄的，这样就使得空间显得更加细长，向上的动势更为明显，产生一种超脱尘世的效果，是中世纪欧

↓1880—1888 年间科隆大教堂曾是世界上最高的建筑，它至今仍是德国最受欢迎的旅游景点。

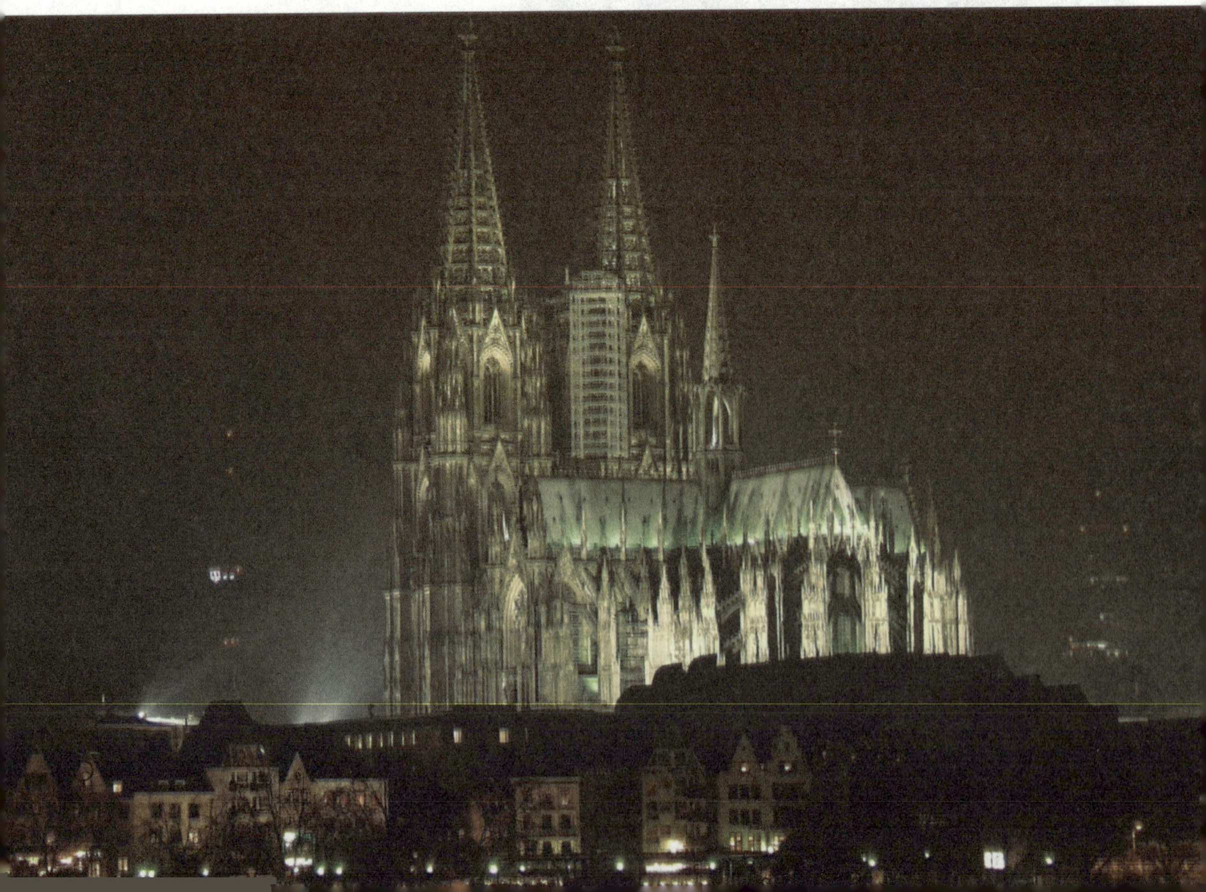

洲哥特式建筑艺术的代表作。大教堂全部用磨光的石块建成，整个工程共耗去40万吨石材，加工后的构件总重达16万吨，并且每个构件都十分精确。

教堂内部裸露着近似框架式的结构，窗子占满了支柱之间的整个面积，而支柱又全由垂直线组成，筋骨嶙峋，几乎没有墙面，雕刻、壁画之类极其俊俏清冷。由于这种强有力的表现，它被视为德国哥特式建筑的代表作之一。在科隆大教堂四壁上方，用彩色玻璃镶嵌出的《圣经》故事十分引人注目。

玻璃使用了大量的金色、红色、蓝色和绿色。金色喻示天堂和永恒，红色代表爱，蓝色表示信仰，绿色则代表希望。这些玻璃镶嵌总计有1万平方米，色彩绚烂，缤纷夺目。

科隆大教堂的双尖塔直插云天，如同人类祈祷时的一双手臂。在科隆市区以外就遥遥可见，十分壮观，这也是科隆大教堂最突出的形象标志。据基督教说法：教堂越高，灵魂越容易上通于天。教堂四周林立着很多小尖塔，与双尖塔相呼应。

科隆大教堂充分体现出建筑师对哥特精神的理解，表现出卓越的空间结构的想象力，富有创造性地揭示出哥特式建筑的本质。无论是中厅两侧拔地而起的成束细柱，还是尖端收尾的拱顶，高高细长的侧窗，都是笔挺的直线，没有任何横断的柱头线脚来打断。整个教堂的外部通通由垂直的线条所统领，一切造型部位和装饰细部都以尖拱、尖券、尖顶为要素。所有的塔、扶壁和墙垣上端也都冠以直刺苍穹的尖顶。整个建筑也是越往上越轻巧、越玲珑，充满着飘逸的动感和气势。

↑这里是中央大礼堂，木制座位排列齐整。

建筑与人文：
幸存的文化遗产

  第二次世界大战期间，科隆遭到盟军260余次的大规模轰炸，整座城市几乎被夷为平地。教堂虽中了14枚炸弹，却奇迹般地保存下来。据说，这是因为教堂的塔身都是近乎笔直的，触到塔尖的炸弹都滑了下来，落地的炸弹虽然爆炸了，但教堂的塔基却因都是由两米多高的巨石垒就，十分坚固，从而抵御了巨大的冲击。更令人不可思议的是，教堂从上到下，大小不一，色彩各异的大理石构成的玻璃，也都是完好无损，没有一块是后配上去的。

  这些一小片一小片的大理石拼绘出色彩斑斓的《圣经》人物，做工精细，用料考究，堪称无价之宝。据说在二战爆发前夕，为不使这些教会的文化珍品遭受毁灭，教皇安排大量人力将它们一块一块地取下来，编好号，藏进地下室里。直到战争结束后，才又重新把那些一小片一小片的大理石恢复成画。光是这一项工作，就花了整整10年。也因此，这些宝贵的文化遗产才得以保存。

↓ 宏伟瑰丽的科隆大教堂

爱因斯坦天文台

Einstein Tower

地　　点：德国波茨坦
建造时间：1919—1921年
建筑　师：埃里克·门德尔松
建筑风格：德国早期表现主义

←正在指导学生的
　埃里克·门德尔松

↓造型奇特的爱因斯坦天文台

　　整个建筑表现为一种不规则形体，各种建筑要素如墙面、屋顶、门窗却浑然一体，构成一种流线型的建筑外表。门窗形状不规则和整个建筑一样，仿佛由于高速运动造成形体上的变形。建筑师从爱因斯坦的相对论的神奇出发，创造了这座天文台奇异造型。

　　弯弯曲曲的墙面，浑圆的线条，深深的黑洞一般的窗户，处处透出一种神秘感，似乎代表着宇宙中的什么神秘事物，又好像是一个带着圆盔的怪人注视着远方，在述说着爱因斯坦博士有关天体物理学的一个梦，田野、大地、天际，抑或宇宙、星空？

　　在白色曲面的包裹下，设计者在高塔上使用了圆顶，寓意无穷的宇宙，实则是一个天文观测室，下面则是若干个天体物理实验室。整幢建筑物的最初设计都是采用钢筋水泥建造，这样可以发挥水泥的可塑性，用来完成一个巨型的纪念性雕塑，但后来由于材料供应发生了问题，只好改用砖砌，快到顶时，用水泥建造圆顶，并最终用水泥将整个建筑的外立面装饰一遍，给人一种浑然一体、都是用混凝土建造的假象。尽管如此，建筑物依然达到了它在设计时所具有的神秘感，并对后人运用混凝土造出各种曲线造型产生了深远的影响。高塔的设计体现为一种不断向上运动的态势，也打破了塔类建筑的严肃性、对称性，是一次典型的手法创新。

建筑与人文：
建筑师埃里克·门德尔松

埃里克·门德尔松（1887—1953年），德裔建筑师，是功能性设计的支持者。连绵弯曲线条的爱因斯坦塔，还有位于波茨坦市的观测台，代表了他众多作品的风格。在1933年逃离纳粹德国前，门德尔松设计了他在慕尼黑办公室的仓库和工厂。随后他在英国、巴勒斯坦等地工作，1941年定居美国，1946年成为美国公民。

表现主义建筑

表现主义建筑是20世纪初受到西方新艺术运动影响而出现的一种建筑风格，试图通过外部形式和内部空间来表达人的内心情感；新表现主义建筑产生于第二次世界大战以后，出于对千篇一律的现代主义建筑的批判性反思而出现。新旧表现主义都强调建筑的精神内涵，注重表达主观世界。而新表现主义建筑处于一个新的历史时期，当代社会进入到信息时代，科学技术和文化都在不断发展变化，从而为其提供了更强大的技术支持。

表现主义最初流行于德国、奥地利等国。它首先在绘画、音乐、戏剧艺术领域兴起。表现主义艺术家们强调自我感受，强调主观，强调个性的发挥，在手法上强调象征。在建筑领域中，表现主义提倡创作能够象征时代、象征民族、象征个人感受的新形式。

建筑中的表现主义，在建筑史上具有十分独特的意义。它不仅是一次创作手法和设计思想的革新运动，还是一次审美和文化革新运动。表现主义从诞生到现在，就像一股潜流，自始至终地汇聚于世界建筑发展的大潮之中，对当代建筑发生并将继续发生影响。

包豪斯校舍

Bauhaus Building

地　　点：德国德绍市
建造时间：1925年秋动工，1926年年底落成
建筑面积：2630平方米
建　筑　师：瓦尔特·格罗皮乌斯
流　　派：现代主义

↑ 现代主义建筑杰作——包豪斯校舍模型

　　包豪斯校舍由教学楼、实习工厂和学生宿舍三部分组成。空间布局的特点是根据使用功能组合为既分又合的群体，既独立分区，又方便联系。教学楼与实习工厂均为4层，占地最多。宿舍在另一端，高6层，连接二者的是两层的饭厅兼礼堂。居于群体中枢并连接各部的是行政、教师办公室和图书馆。

　　这样不同高低的形体组合在一起，既创造了在行进中观赏建筑群体给人带来的时空感，又表达了建筑物相互之间的有机关系。考虑到基地环境，饭厅与办公部分底层透空，可通车辆和行人，也使下面空间保持完整。

　　建筑的结构形式也是按照不同的功能要求选用的，从而产生了不同的外形：实验工厂为钢筋混凝土挑梁楼板，外墙为贯通三层的玻璃幕墙，以便于采光，也成为后来多层和高层建筑采用全玻璃幕墙的先声；教室的结构相仿，采用水平带状长窗；宿舍需要安静，因此用较小窗子和阳台，采用钢筋混凝土与砖的混合结构，简洁、实用。

　　整座建筑采用平屋顶，无任何外加装饰。运用墙面的虚实，体量的大小高低及色彩的对比等手法，加上均衡的构图及恰当的比例尺度，取得了简洁明快的效果，也体现了"包豪斯"的设计特点，重视空间设计，强调功能与结构效能，把建筑美学同建筑的目的性、材料性能、经济性与建造的精美直接联系起来。

　　包豪斯校舍在建筑史上拥有重要地位，是现代建筑的杰作。它在功能处理上有分有合，关系明确，方便而实用；在构图上采用灵活的不规则布局，建筑体型纵横错落，变化丰富；立面造型充分体现了新材料和新结构的特点，法古斯工厂的工业建筑风格被应用到了民用建筑之上，完全打破了古典主义的建筑设计传统，获得了简洁、清新的效果。

　　包豪斯校舍没有雕刻、柱廊、装饰性的花纹线脚等复杂的装饰，简洁朴素，以自由灵活的空间布局和清新简朴的体形表达了现代主义的建筑风格，显露出现代主义建筑的一些重要特征，被誉为是现代建筑设计史上的里程碑。

建筑与人文：
包豪斯——一座学校，一种风格

包豪斯是德国魏玛市的"公立包豪斯学校"的简称，后改称"设计学院"，但习惯上仍沿称"包豪斯"。它的成立标志着现代设计的诞生，对世界现代设计的发展产生了深远的影响。包豪斯是世界上第一所完全为发展现代设计教育而建立的学院，在两德统一后位于魏玛的设计学院更名为魏玛包豪斯大学。

"包豪斯"一词是格罗皮乌斯生造出来的，是德语 Bauhaus 的译音，由德语 Hausbau（房屋建筑）一词倒置而成。

包豪斯前后经历了三个发展阶段：

第一阶段（1919—1925年），魏玛时期。格罗皮乌斯任校长，提出"艺术与技术新统一"的崇高理想，肩负起培养20世纪设计家和建筑师的神圣使命。他广招贤能，聘任艺术家与手工匠师授课，形成艺术教育与手工制作相结合的新型教育制度。

第二阶段（1925—1932年），德绍时期。包豪斯在德国德绍重建，并进行课程改革，实行了设计与制作教学一体化的教学方法，取得优异成果。1928年格罗皮乌斯辞去包豪斯校长职务，由建筑系主任汉内斯·梅耶继任。这位共产党人出身的建筑师，将包豪斯的艺术激进扩大到政治激进，从而使包豪斯面临着越来越大的政治压力。最后梅耶本人也不得不于1930年辞职离任，由L·密斯·凡·德·罗继任。密斯面对来自纳粹势力的压力，竭尽全力维持着学校的运转，终于在1932年10月纳粹党占据德绍后，被迫关闭包豪斯。

第三阶段（1932—1933年），柏林时期。L·密斯·凡·德·罗将学校迁至柏林的一座废弃的办公楼中，试图重整旗鼓，由于包豪斯精神为德国纳粹所不容，面对刚刚上台的纳粹政府，密斯终于回天无力，于1932年8月宣布包豪斯永久关闭。1933年11月包豪斯被封闭，不得不结束其14年的发展历程。

"包豪斯"的成就实际上是现代设计思潮的集大成者。它总结和发扬了自英国工艺美术运动以来各种设计改革运动的精髓，继承了德意志制造联盟的传统。包豪斯在设计教学中，强调自由创造，反对模仿因袭、墨守成规；将手工艺同机器生产结合起来，强调各门艺术之间的交流融合，如抽象派绘画和雕刻艺术；把学校教育同社会生产挂钩等。

柏林爱乐音乐厅

Berlin Philharmonic Concert Hall

地　　点：德国柏林
建造时间：1960—1963年
建筑面积：1057平方米
建 筑 师：汉斯·夏隆
设计风格：有机动能主义建筑

←汉斯·夏隆一生设计过大量作品，成功地诠释了哈林的有机功能主义观念（Orgnic Functionalism）。

　　柏林爱乐音乐厅的基地环境选定在市中心的西侧，这个区域早在1946年即规划为文化广场，预定兴建国家图书馆与国家美术馆等文化设施，并结合柏林爱乐交响厅与室内乐厅等音乐设施。对于这个战后几乎夷为平地的地区，只剩下一栋St. Matthew教堂，周围亦有公园绿地。

　　建筑师试图创造出新的纹理脉络，并带动这个地区的重新发展，以教堂为整个规划的中心轴线。对演奏作出重新的诠释，打破表演者与听众之间的界线，他以观众围绕表演者的概念，作向心性的安排，表达了原始的表演形态——围圈圈的方式，以增进表演者与观众的参与度与亲密性。

　　平面规划的概念并没有一个清楚的轴线，而是多面形体，四周为挑空的缓冲空间，避免听众、表演者、行政人员的动线不会互相干扰。

外部亦有突出的形体表演台如山谷的最深处，观众平台则以迭砌出挑的方式围绕，虽然为2218席次的表演堂，但是它创造出了极佳的音响效果，同时拉近了彼此的亲密度。这种造型，夏隆称之为"葡萄山"，是一部"多空间的合唱"，它本身就反映出一种音乐性，有着动态、变幻和不定形之感。他的构思来源于人们在非正式场合听音乐时常围成的圈子，音乐成为焦点，在视觉上和空间上也是如此。整个设计不只是技术层次的配合，同时有许多艺术作品巧妙地安排于各个空间，如镶嵌玻璃，阳光透过不同颜色的玻璃仿佛是丰富的音符跳跃其中，建筑师在此重新定义了人、音乐、空间的相互关系。

这座建筑反映了夏隆的设计思想，代表了战后联邦德国建筑设计的一种新倾向，也是战后世界范围内成功的作品之一。

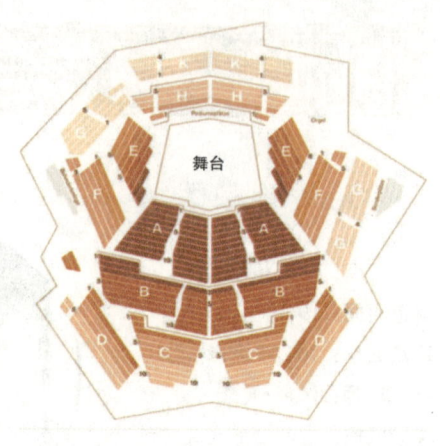

↑柏林爱乐音乐厅座席图，颜色越深价格越贵。

↓音乐厅内部的设计光彩照人，又极好地融合了声学与美学的完美设计。

犹太人博物馆

The Jewish Museum Berlin

地　　点：德国柏林
建造时间：1989—1999年
建筑面积：3000平方米
建 筑 师：丹尼尔·里柏斯金
建筑风格：解构主义

← 建筑师丹尼尔·里柏斯金。本书前述之曼彻斯特帝国战争博物馆也是他的杰作。

↓ 犹太人博物馆。博物馆多边、曲折的锯齿造型像是建筑形式的匕首，为人们打开了时光隧道，全面展示了德国犹太人两千年的生活历程，他们对德国艺术、政治、科学和商业做出的卓越贡献，及在20世纪经历的那段悲惨历史。

这个建筑本身就是一个无声的纪念碑，作为解构主义建筑的代表作，建筑无论从空中、地面、近处、还是远处，都给人以强烈的视觉冲击，让博物馆不再是照片展览的代言词，而是更多通过建筑的设计给人一种身历其境的震撼和感受。

↑ 俯瞰犹太人博物馆

↓ 陡直而狭长的楼梯

博物馆的平面呈曲折蜿蜒状，馆内所有通道、墙壁、窗户都带有一定的角度，可以说没有一处是平直的。博物馆的入口在一楼右侧，由两道楼梯扶手引导至地下室，楼梯到达处同时也是整个地下层的最深点，从此最深点缓缓向上爬升，参观者眼前展开三条象征着三种不同命运的路线：

一、现实命运线，这空间中最重要的建筑元素是一座陡直狭长的楼梯；经过漫长爬升后，终点是一面白墙。白墙隐喻着省思，再下来该怎么走？左手边有一开口，由此进入博物馆的主要展览空间。

二、流放在外的犹太人的命运线，行至终点是一大片明亮的落地玻璃窗，参观者可以走出地下建筑体而到户外的霍夫曼纪念园。正方形的庭园中斜植了七行七列的混凝土柱，有如迷宫般，每一柱心植树，等到群树茁壮，便可连成一大片树荫。这庭园隐喻流放的犹太人在外地生根、茁壮、团结。

三、被屠杀的犹太人的命运线，此线的终点通向一个独立于博物馆本体之外的黑色塔体，若在进入此塔前回头向后看，就会看到建筑师精心安排在此线另一端点的一面黑墙。封闭的塔高24米，里面没有光线照明及暖气设备，靠近屋顶有一细小窗户，是塔内唯一开窗口。

里柏斯金认为此建筑是：围绕一非中心的中心组织而成，环绕的是不可见之物。既然肉体已然消失，那没消失的便是柏林丰富的前犹太遗产。

博物馆外墙以镀锌铁皮构成不规则的形状，带有棱角尖的透光缝，由表及里，所有的线条、面和空间都是破碎而不规则的，人一走进去，便不由自主地被卷入了一个扭曲的时空。馆内几乎找不到任何水平和垂直的结构，所有通道、墙壁、窗户都带有一定的角度，可以说没有一处是平直的。设计者以此隐喻出犹太人在德国不同寻常的历史和所遭受的苦难，馆内虽然没有直观的犹太人遭受迫害的展品或场景，但曲折的通道、沉重的色调和灯光无不给人以精神上的震撼和心灵上的撞击。

建筑与人文：

血色记忆——犹太人大屠杀

犹太人大屠杀是纳粹德国在第二次世界大战中的种族清洗，也是二战中最令人发指的暴行之一，在这次大屠杀中，近600万犹太人被杀戮。犹太人大屠杀在英语和德语中的名称为"Holocaust"，此字是来自希腊语，意思是用火牺牲。犹太人则称其为"Shoah"，来自希伯来语，有"浩劫"的意思。

1939年9月德国吞并波兰以后，将它们国内和奥地利的犹太人集中在波兰的内陆，称为"普通政府"地区。犹太人被围置在"强制性犹太人居住区"之内。最大规模的"强制性犹太人居住区"位于华沙。在华沙的犹太人被迫在1940年11月15日前搬迁到被指定为犹太人的地区并将这个地区封闭。继低地国家，法国、波罗的海国家和南斯拉夫被纳粹德国占领之后，更多犹太人处在纳粹德国的控制范围内。

1941年6月22日，德国偷袭苏联以后，德国盖世太保跟随德军，对住在苏联乡区的犹太人进行了大规模的屠杀。盖世太保最初的杀人方法是用枪射杀，然后把他们的尸体掩埋。但是柏林想出了更"人道"的杀人方法来降低盖世太保人力不足的压力，这个方法就是用毒气。最初，盖世太保用汽车的废气来杀犹太人，但是自1942年起纳粹采用了氰化氢来高效地杀死更多的犹太人。

1941年12月德国在波兰兴建起6个死亡集中营，其中包括奥斯威辛和特雷布林卡。这些地点被选择的原因是因为它们都是铁路的交汇点，以及它们都不是军事上重要的地点。所以，纳粹党可以秘密地进行这个杀人计划。

1944年当纳粹德国知道它们的气势已尽的时候，加快了集中营杀人的速度，其中包括被德军占领的匈牙利。

盟军在1945年解放波兰时，发现了这些杀人的集中营。整个二战期间，大约580万欧裔犹太人被纳粹德国杀死，将近欧洲犹太人人口的三分之二。

↑ "空隙"是犹太人博物馆的一项重要空间元素，代表着空无、失落。最典型也是最大的一处空隙底部，铺满了呐喊的脸孔，令人不敢从上面踩过去。

建造过程

激发建筑师里柏斯金构思的是犹太人与柏林互相交织在一起的历史。柏林市政府给他送去了两大捆档案,里面有居住在柏林的犹太人名字、出生日期、驱逐日期及地址。他亲自考察了这些历史遗迹,并在城市图上描绘出来,相互之间还连上线,得到了他称之为"一个非理性的原型":一系列三角形,看上去有点像纳粹时期强迫犹太人带上的六角的大卫之星的标志。他的另一灵感则来源于现代音乐史上一位著名作曲家阿·舜勒贝格。当年,由于希特勒的上台,他未能完成自己所创作的唯一一部歌剧。他的前两个乐章"华丽辉煌",第三乐章只是重复演奏,然后是持续的停顿。这部歌剧的魅力就在于它的"未完成",里柏斯金深深地被这种"空缺"感所打动。

↑ 柏林苍穹下,建筑师用一种悲凉和直入人心的方式来纪念历史。

里柏斯金越来越强烈地感到,柏林犹太人的悲惨历史远非艺术所能容纳,这激发了他的创作激情,他决心将这些沉重的东西转变成一座历史性的建筑。

建筑平面呈曲折蜿蜒状,走势则极具爆炸性,墙体倾斜,就像是把"六角星"立体化后又破开的样子,将犹太人在柏林所受的痛苦、曲折,表现在把六角的大卫之星切割、解构后再重组的结果展现在建筑上,使建筑形体呈现极度乖张、扭曲而卷伏的线条。但是建筑中依然潜伏着与思想、组织相关联的二条脉络,即充满无数破碎断片的直线脉络和无限连续的曲折脉络。建筑折叠多次、连贯的锯齿形平面线条被一组排列成直线的空白空间打断,人们可以从航拍出的照片清楚地看到锯齿状的建筑平面和与之交切的、由空白空间组成的直线,这些空白空间代表了真空,不仅仅是隐喻在大屠杀中消失的不计其数的犹太生命,也意喻犹太人民及文化在德国和欧洲被摧残后留下的、永远无法消亡的空白。陈列着犹太人档案的展廊沿着像锯齿型的建筑展开下去,而穿过展廊的空空的、混凝土原色的空间没有任何装饰,只有裂缝似的窗户和从天窗透出的模糊的光亮。

犹太人

犹太人乃是指犹太教民,更笼统意义上指所有犹太族人(也被称为犹太民族),是族群体既包括自古代沿传下来的以色列种族,也包括了后来在各时期和世界各地皈依犹太宗教的人群。从广泛的角度,犹太人可以是也可以不是严格的宗教奉行者。正统派犹太教和保守派犹太教界定一个人是否属犹太人的标准是要看其母亲是否是犹太人,如果其母亲是犹太人,无论她的子女是信仰犹太教还是信仰基督教或者是无神论者都被认为是犹太人。卡拉派界定方法刚好相反,卡拉派认为父亲是犹太人他的子女就是犹太人。自由派和改革派认为,主要母亲或者是父亲有一方是犹太人并按照犹太人的风俗习惯来抚育子女,他们的子女就是犹太人。

德国历史博物馆新馆扩建工程

Deutsches Historisches Museum

地　　点：德国柏林
竣工时间：2003年
建 筑 师：贝聿铭

→ 雕饰华美的德国历史博物馆老馆

　　德国历史博物馆的兴建，最初选定的地点是在国会大厦对面的一块空地上，那是在1987年10月（德国统一前夕）由当时的联邦德国总理科尔和西柏林市长迪普根共同决定的。次年虽举办了公开竞图，却因德国统一进程超乎预料的发展而被推翻，原定的博物馆址改为新总理府，而把菩提树下街上的一栋1695年普鲁士腓特烈大帝所兴建的军火库交给了拟议中的历史博物馆。

　　军火库在当时是德国北部最好的巴洛克建筑，1880年曾经大肆整修，在外墙增添雕塑，极尽装饰之能事，以致工程到1981年才完成，自此军火库改为武器博物馆。第二次世界大战末期柏林遭轰炸，该馆损毁严重，如今所见到的建筑物是1948年至1965年之间积极重建的成果，民主德国时代原本的武器博物馆被改为历史博物馆。1990年两德统一，更突显出该馆的重要性，为适应现代化的需求，德国政府决定扩建新馆暨更新旧馆。

　　1994年，时任总理的科尔决定这项工程不按一般常规举办公开竞图就直接交给贝聿铭。这样的作法虽有些不妥，不过当贝聿铭端出设计模型时，专家与媒体都一致赞叹，德国建设局长说："真高兴，终于有人能解决这基地上的大难题……"

↓ 德国历史博物馆老馆

1997年1月16日贝聿铭公开他的设计，针对这样一座建筑历史与艺术历史兼具的古迹建筑，贝聿铭在旧馆的中庭添置玻璃罩，将原为户外的空间改为室内空间，增加馆舍的可用面积。并将新旧建筑之间以地下通道方式连接，让新旧建筑体毗邻而立，又不互相干扰。至于扩建部分，位于历史博物馆北侧的仓库与工作坊拆除作为新馆基地，基地东边有老旧的房舍，其他三面是狭窄的巷道，与柏林的主要都市空间无直接连通，基地能使用的面积有限。面对如此状况，贝聿铭再度以其擅长的简洁几何形体解决问题，并利用玻璃透明与亮丽的特性来设计入口，以吸引行人眼光。

新增建筑的形体，由外观看来，可以分成两部分：土黄色石材覆盖的实体与透明的螺旋缓坡道。土黄色石材的使用是为了配合旧建筑体，里面的空间则以展览厅为主；透明螺旋缓坡道则为入口，这个入口设计，虽位于历史博物馆旧建筑体之后，但因附近的建筑大多拥有古典造型与土黄色的砂岩石材，所以这个透明轻巧的现代建筑体就变得分外显眼。从玻璃发出的亮光，加上人潮缓缓行于坡道上，可以吸引从菩提树下大道走过的人们的眼光。这一简单的建筑手法，解决了历史博物馆后部城市死角的空间难题，并将死角空间转化成为市中心区的新兴广场。

德国历史博物馆新馆扩建工程

面对军火库老建筑的一面，以弧形的玻璃外墙作为呼应，除了表示对历史建筑的尊重外，也使这一雄伟的巴洛克建筑墙面融入挑高的三层大厅中。内部材料使用法国的石灰岩为墙面，美国的花岗岩为地面，颜色柔和。楼梯的扶手不是镶在墙面上，而是从墙上挖出槽沟来，构思新颖。

贝聿铭承认这个设计带给他三大挑战：新展览馆必须和谐融入周围的古典环境中；要配合德国博物馆的巴洛克式建筑；要吸引游客。面对这样的挑战，他说："我不能复制新古典主义的东西。我们活在21世纪，一定要有现代感。"但他同时坚持要尊重过去，所以选择了透明设计，认为"没有风格上的冲突，这样我一方面尊重过去，另一方面保留了21世纪的现代感。"他还说："建筑设计应能吸引人们带着好奇和欢愉的心情游遍整座建筑物，我甚至想透过更多楼梯和新风景，吸引他们登上最高层。"

斐诺自然科学中心 *Phno Science Centre*

地　　点：德国沃夫兹堡
竣工时间：2005年
展览面积：9000平方米
建 筑 师：扎哈·哈迪德

←出生于巴格达的英籍女建筑设计师扎哈·哈迪德，其曾于2004年荣获普利策建筑奖。

　　这是德国境内首座自然科学馆，建筑师以"引发好奇与发现神秘"的主要构思为设计目标，她希望访客进入科学中心能体会出某种复杂，甚至是不可思议的感觉，而这样的感觉则借由非常精确的系统所控制。

↓斐诺自然科学中心

　　斐诺自然科学中心作为新旧城之间的一个新中心点，不仅将阿瓦奥图、夏隆及施韦格等文化设施串连起来，其有个性且极具感染力的外观更化解了老城的沉重和封闭，也成为大众汽车城一个重要门面。为了不破坏原有的都市纹理，建筑师以几个壮硕的漏斗形锥体构造物将科学中心架高，并在地面层留下一些"孔洞"，使来自四面八方的行人得以穿梭其中，更让邻近的桥梁和科学中心形成一种类似蛀洞的关连，贯穿彼此。

　　洞穴般的地面层设计，不仅成功地将街道上的行人引入建筑下方，这个有坑洞、坡地和遮盖，灯光照明又别出心裁的人造地景，使来到这儿的人们仿佛进入了一个神秘的地下世界，为日常单调的生活增添了一些趣味。漏斗形锥体不单作为结构组件还兼具设施功能，有的当出入口，有的用来照亮内部，有的成为讲堂、书店或展览空间，其中一个是有可直达科学中心高速电梯的主展厅。展厅上方支持屋顶

的钢构架在不同的地点突降，增添了空间的紧凑感。展厅尽头有一道螺旋形过道向下直通书店，又把游客带回到街上。

建筑师把展厅的布局喻为爆炸的粒子序列，犹如大理石散落在房间四周，营造出空间的开放、自由与随意，进而鼓励游客安排自己的参观路线。而人们的视线总会被奇特的曲面或拐角给吸引，然后进入另一个别有洞天的惊喜之旅中。

↓ 斐诺自然科学中心内景

此外，光线的控制在此设计中也扮演了极重要的角色，除了作为整栋建筑的视觉引导系统外，压低空间亮度将光线聚焦在展品上的处理手法，更创造出了惊讶与发现的瞬间视觉震撼，使访客和展品之间的互动更具有戏剧性。

扎哈·哈迪德

扎哈·哈迪德1950年出生于巴格达，在黎巴嫩就读过数学系，1972年进入伦敦的建筑联盟学院学习建筑学，1977年毕业，获得伦敦建筑联盟硕士学位。此后加入大都会建筑事务所，与雷姆·库哈斯和埃利亚·增西利斯一道执教于AA建筑学院，后来在AA成立了自己的工作室。哈迪德一直从事学术研究，先后任教于哈佛大学、伊利诺伊大学和芝加哥建筑学院等著名院校，同时还担任汉堡艺术大学、俄亥俄建筑学院、纽约哥伦比亚大学等院校的客座教授。此外，她还享有美国建筑学院特别会员以及2002"大英帝国司令勋章爵士"等称号。因其杰出的建筑成就，在2004年获得了普利策建筑奖的高尚荣誉。

第5章

非洲之旅

　　雄心勃勃、不可一世的拿破仑曾在狮身人面像前留下了千古名言："士兵们,以往四千年的历史在它后面瞠目注视着你们!"在这里他慷慨激昂地号召将士们为他开疆拓土。如今仍在默默"注视着"我们的这座狮身人面像,是身后卡夫拉金字塔的守护神。悠悠几千年的岁月过后,埃及金字塔依然闪耀着人类智慧的光芒。

　　紧邻狮身人面像的是人口逾千万的开罗城区,一边是繁华的现代都市,一边是苍凉的荒漠和散落在荒漠上的古迹,两者虽然在空间上是咫尺之距,但在时间上却是天涯之遥。

吉萨金字塔群

Great Pyramids Giza

地　　点：埃及开罗
建造年代：公元前2723—前2563年

埃及吉萨金字塔群是古代七大奇迹之一，它们耸立在尼罗河两岸的沙漠之上，在离当时的首都孟菲斯不远（开罗西南80千米）的吉萨建造，是古埃及时期最高的建筑成就。金字塔如此巨大，使人很容易相信它们是神或巨人所建造的古代传说。

吉萨金字塔群主要由胡夫金字塔、哈夫拉金字塔和孟卡拉金字塔及狮身人面像组成。

在这3座大金字塔中最大的是胡夫金字塔，形体呈立方锥形，四面正向方位，用230多万块平均约2.5吨的巨石砌成。成群结队的人将这些大石块沿着地面斜坡往上拖运，然后在金字塔周围以一种脚手架的方式层层堆砌。金字塔的旁边还有一些皇族和贵族的小金字塔和长方形台式陵墓。

狮身人面像

最初铺盖金字塔外层、磨光的灰白色石灰石块几乎全部消失，如今见到的是下面淡黄色的石灰大石块，显露出其内部结构。金字塔中心有墓室，可以从甬道进去，墓室顶上分层架着几块几十吨重的大石块。

建成的金字塔用作陵墓。古埃及人相信死后永生，金字塔内的墓穴起初堆满了黄金和各种贵重物品。

在哈夫拉金字塔祭祀厅堂的门厅旁边，有一座高约20米、长约46米的狮身人面像，大部分是以原地的岩石凿出的。

↑ 金字塔形制的演变

建筑与人文：
吉萨金字塔建筑布局的传说

由于埃及人受其生死观及信奉太阳神的影响，认为太阳每天从东方升起，从西方落下，就像每天从东方出生而于西方死亡。因此，金字塔都建于尼罗河西边。

吉萨三大金字塔的排列和猎户座中3颗腰带星的排列有着特殊的关系。利用电脑模拟回到公元前1050年，天上跨越子午线的猎户座三颗腰带星的排列和地上吉萨三大金字塔排列格局是一样的，而天上的星河和地上的尼罗河的位置分布也全对称。这种天地相互对应的关系并非偶然的巧合。因为地球有岁差数的问题，所以埃及人把金字塔的排列位置按照天象而定。猎户座对于埃及人有着重要意义，因为他们相信神是住在猎户座的，亦即天堂所在。

金字塔都是正方位的，但互以对角线相接，形成建筑群参差的轮廓。位于海夫拉金字塔祭祀厅堂门厅旁边的狮身人面像，它的写实性和金字塔的抽象性相对比，使整个建筑群富有变化，也更显完整了。

胡夫金字塔底部四边几乎是正北、正南、正东、正西，误差少于1度。虽然以观星来测定方位，但以肉眼能令误差少于1度？究竟埃及人是运用什么工具来计算的呢？

利用电脑我们得知公元前2500年前后，大金字塔的四条坑道对准了当时正在穿越子午线的4颗特殊恒星。它们分别正对小熊星座的第二颗星"帝星"、大犬座最明亮的第一颗星"天狼星"、"北极星"及天龙座第一星"右极星"。从而也知道了坑道与恒星对应关系。

卡纳克阿蒙神庙

Great temple of Ammon, karnak

地　　点：埃及中部尼罗河东岸
建造年代：始建于中王国时期，
　　　　　于公元前1530—前323年大规模扩建
占地面积：240000平方米

作为埃及最大的神庙，卡纳克神庙给人的感觉就是夸张，且不说塔门巨大而厚重，雕像高大而挺拔，就连多柱厅中的134根圆柱子，高度竟然都有22米，每根"盛开"的莲花大圆柱顶可以站立百余人。最神奇的还要数哈特谢普苏特女王的方尖碑，高30米，重320吨，也不知它是怎么从阿斯旺的山体上分离出来，又如何在卡纳克神庙竖起的。中国古代文人追求语不惊人死不休的境界，古埃及人则做到了塔不惊人死不休，庙不惊人死不休。卡纳克神庙之所以如此著名，不仅因为它的壮丽，更因为它的建筑元素，例如大圆柱和轴线式设计，先后影响了古希腊建筑和后来的世界建筑。

→这个宏大的建筑群产生于一种伟大的自我意识之中，历经了千年的修建，工程的浩大在今天似也难于完成；而这一切却发生在4000年前，令人不得不心怀敬畏。

太阳神是古埃及众神中万神之王，卡纳克阿蒙神庙是所有太阳神庙中最大的。其总长366米，宽110米。前后一共造了六道大门，以第一道为最高大，高43.5米，宽113米。主神殿宽103米，进深52米。面积达5000平方米，内有16列共134根石柱。中央两排的柱子最为高大，其直径达3.57米，高21米，上面承托着长9.21米、重65千克的大梁。其他柱子的直径为2.74米，高12.8米。在柱顶的柱帽处，可以安稳地坐下百余人，其建筑尺度之大，实属罕见。殿内石柱有如原始森林，仅以中部与两旁屋面高差形成的高侧窗采光，被横梁和柱头分去一半后，光线渐次阴暗，形成了法老所需要的"王权神化"的神秘压抑气氛。这些巨大的形象震撼人心，精神在物质的重量下感到压抑，而这些压抑之感正是崇拜的起始点，这也就是卡纳克阿蒙神庙艺术构思的基点。虽然由于年代的久远，致使神庙破败不堪，然而，透过那仅存的部分，人们依然能够感受和想象到卡纳克神庙当年的宏伟壮丽。

建筑与人文：
著名的方尖碑

方尖碑是世界上第一位女王、古埃及唯一的女法老哈特谢普苏特女王所立，碑身全高29米，重323吨，是当时最高的方尖碑，也是现在埃及境内最高的方尖碑。方尖碑作为一种特殊的建筑样式，常成对地竖立在神庙的入口处。其断面呈正方形，上小下大，顶部为金字塔形，常镀合金。

哈特谢普苏特女王是开创古埃及新王国时期一代盛世的图特莫斯一世法老的女儿，图特莫斯二世法老的同父异母的妹妹兼王后，图特莫斯三世法老的姑姑、嫡母和岳母。女王自幼志向远大，秉性刚强，立志要当全埃及的最高统治者，在辅佐丈夫图特莫斯二世法老执政期间，即热衷朝政，觊觎国家统治权力。当二世去世以后，迫于女子不能当法老的世俗压力，女王不得不扶植自己的庶子、年仅9岁的图特莫斯三世当了法老。无奈三世也是一代英主，当年岁稍长，便不甘做傀儡，蠢蠢欲动。女王于心不甘，于是废黜三世并把他赶到卡尔纳克神庙里当了一名普通祭司，自己加冕登基。为了应天顺人，女王花了7个月的时间从阿斯旺采下石料制成当时全埃及最大最高的两座方尖碑，沿尼罗河长途运输150千米，立在这座全埃及最大最神圣的神庙里，献给太阳神阿蒙，并在碑上刻下铭文称自己为阿蒙神的女儿，以此证明自己继承大统的合法性。

感谢古埃及文字的破译者使得我们在3400多年以后，还能够读得到方尖碑上的铭文："她为她的父亲阿蒙——两片土地王座之主，建造他的纪念物，为他用南方的坚硬花岗石建造了两个大方尖碑，它们的表面镀上了全世界最好的金子。当太阳在它们之间升起时，从尼罗河的两岸看去，它们的光芒照耀着大地。

"阿蒙，两片土地王座之主：他让我统治黑土地和红土地，作为一种奖赏，在整个土地上无人反对我。所有异国他族都是我的臣民，他将天的边际作为我的疆界，太阳环绕的一切都为我劳作。他将这一切给予他亲生的人，他知道我将为他统治这一切。我确是他的女儿，我服侍他，知道他所有的意旨。我从我父亲那里得到的赏赐就是生命、永恒和统治，在万物的荷鲁斯王座上，像拉神一样长久。"

　　自古以来,人类历史总是不乏戏剧性的场面。22年后,被女王贬到神庙里当祭司的图特莫斯三世依靠神庙祭司集团的势力,发动政变重新夺回了王位。三世痛恨女王废黜自己,在全国范围内对女王进行了全面的清算,凡是有女王名字和雕像的地方统统抹掉,凡是女王建造的建筑统统毁掉。极其有意思的是,图特莫斯三世没有摧毁女王在尼罗河西岸为自己建造的神殿,也没有推倒女王在这里建造的两座方尖碑,而是砌起高墙把它们遮挡了起来,只在最顶端留下了4米高的一段,上面刻的是歌颂阿蒙神的文字。结果,高墙的遮挡反而更好地保护了女王的方尖碑。当后来高墙倒了以后,人们发现女王的方尖碑没有风化,没有破坏,几乎完好无损,而且在顶端处可以清清楚楚地看到当时高墙遮挡的印记,只是另外一座方尖碑已经断裂,倒在神庙的角落里,无言地向人们诉说着那段充满爱恨情仇的历史。

↑哈特谢普苏特女王神殿内倒塌的方尖碑

方尖碑后来得以在西方国家广泛地运用,多半源于方尖碑最初作为一种敬畏、权势的象征寓意。

第6章 亚洲之旅

亚洲是七大洲中面积最大、跨纬度最广、东西距离最长、人口最多的一个洲。其覆盖地球总面积的8.6%（或者陆地总面积的29.4%）。人口总数约为40亿，占世界总人口的60%。亚洲的名字也最古老，全称是亚细亚洲，即"太阳升起的地方"。因此从传统文化的角度来看，无论民族、历史、文化、宗教等诸方面，亚洲都是世界上最具文化多样性的地区之一。从建筑领域而言，由于亚洲国家历史文化悠久，又大部分处于正在发展的态势，传统与现代、繁荣与贫穷、古老与现代高新技术并存，由此亚洲建筑从西亚、中亚，到东亚、南亚、东南亚地区，都显示了各自不同的、丰富多彩的建筑文化形态。这些传统文化已经并将继续为亚洲地区的当代建筑创作，提供肥沃的土壤。

让我们走进其中，去领略那多姿多彩的建筑文化吧！

敦煌莫高窟

Mogao Caves

地　　点：中国甘肃

建造时间：始建于前秦建元二年（公元366年）

评　　价：莫高窟地处丝绸之路的一个战略要点。它不仅是东西方贸易的中转站，同时也是宗教、文化和知识的交汇处。莫高窟492个小石窟和洞穴、庙宇，以其雕像和壁画闻名于世，展示了延续千年的佛教艺术。

莫高窟，俗称千佛洞，坐落在河西走廊西端的敦煌，以精美的壁画和塑像闻名于世。它始建于十六国的前秦时期，历经十六国、北朝、隋、唐、五代、西夏、元等历代的兴建，形成巨大的规模，现有洞窟735个，壁画4.5万平方米、泥质彩塑2415尊，是世界上现存规模最大、内容最丰富的佛教艺术圣地。近代以来，又发现了藏经洞，内有五万余件古代文物，并衍生出了一门专门研究藏经洞典籍和敦煌艺术的学科——敦煌学。莫高窟是一座融绘画、雕塑和建筑艺术于一体，以壁画为主、塑像为辅的大型石窟寺。它的石窟形制主要有禅窟、中心塔柱窟、殿堂窟、中心佛坛窟、四壁三龛窟、大像窟、涅槃窟等。各窟大小相差甚远，最大的第16窟达268平方米，最小的第37窟高不盈尺。窟外原有木造殿宇，并有走廊、栈道等相连，现多已不存。

第96窟是莫高窟最高的一座洞窟，其外附岩而建的"九层楼"是莫高窟的标志性建筑，高33米。它是一个九层的遮檐，也叫"北大像"，处在崖窟中段，与崖顶等高，巍峨壮观。其木构为土红色，檐牙高啄，外观轮廓错落有致，檐角系铃，随风作响。其间有弥勒佛坐像，高35.6米，由石胎泥塑彩绘而成，是中国国内仅次于乐山大佛和荣县大佛的第三大坐佛。容纳大佛的空间下部大、上部小，平面呈方形。楼外开两条通道，既可供参观者就近观赏大佛，又是大佛头部和腰部的光线来源。这座窟檐在唐文德元年（公元888年）以前就已存在，当时为5层，北宋乾德四年（公元966年）和清代都进行了重建，并改为4层。1935年再次重修，形成现在的9层造型。

↑ 敦煌的标志性建筑——九层楼

建筑与人文：

名称的由来

据唐《李克让重修莫高窟佛龛碑》的记载，前秦建元二年（公元366年），僧人乐僔路经此山，忽见金光闪耀，如现万佛，于是便在岩壁上开凿了第一个洞窟。此后法良禅师等又继续在此建洞修禅，称为"漠高窟"，意为"沙漠的高处"。后世因"漠"与"莫"通用，便改称为"莫高窟"。

风格演变

莫高窟现存有壁画和雕塑的492个石窟大体可分为5个时期：北朝、隋唐、五代、宋（西夏）和元。

开凿于北朝时期的洞窟共有36个，其中年代最早的第268窟、第272窟、第275窟可能建于北凉时期。窟形主要是禅窟、中心塔柱窟和殿堂窟，彩塑有圆塑和影塑两种，壁画内容有佛像、佛经故事、神怪、供养人等。这一时期的影塑以飞天、供养菩萨和千佛为主，圆塑最初多为一佛二菩萨组合，后来又加上了二弟子。塑像人物体态健硕，神情端庄宁静，风格朴实厚重。壁画前期多以土红色为底色，再以青绿褚白等颜色敷彩，色调热烈浓重，线条纯朴浑厚，人物形象挺拔，有西域佛教的特色。西魏以后，底色多为白色，色调趋于雅致，风格洒脱，具有中原的风貌。典型洞窟有第249窟、第259窟、第285窟、第428窟等。

隋唐是莫高窟发展的全盛时期，现存洞窟有300多个。禅窟和中心塔柱窟在这一时期逐渐消失，而同时大量出现的是殿堂窟、佛坛窟、四壁三龛、大像窟等形式，其中殿堂窟的数量最多。塑像都为圆塑，造型浓丽丰肥，风格更加中原化，并出现了前代所没有的高大塑像。群像组合多为七尊或者九尊，隋代主要是一佛、二弟子、二菩萨或四菩萨，唐代主要是一佛、二弟子、二菩萨和二天王，有的还再加

上二力士。这一时期的莫高窟壁画题材丰富、场面宏伟、色彩瑰丽，美术技巧达到空前的水平，内容主要有佛像、经变、佛教史迹、佛教故事和供养人等。

↓ 敦煌石刻与彩绘

五代和宋时期的洞窟现存有100多个，多为改建、重绘的前朝窟室，形制主要是佛坛窟和殿堂窟。从晚唐到五代，统治敦煌的张氏和曹氏家族均崇信佛教，为莫高窟出资甚多，因此供养人画像在这个阶段大量出现并且内容也很丰富。塑像和壁画都沿袭了晚唐的风格，但愈到后期，其形式就愈显公式化，美术技法水平也有所降低。这一时期的典型洞窟有第61窟和第98窟等，其中第61窟的地图《五台山图》是莫高窟最大的壁画，高5米，长13.5米，绘出了山西五台山周边的山川形胜、城池寺院、亭台楼阁等，堪称恢宏壮观。

莫高窟现存西夏和元代的洞窟有85个。西夏修窟77个，多为改造和修缮前朝的洞窟，洞窟形制和壁画雕塑基本都沿袭了前朝的风格。一些西夏中期的洞窟出现回鹘王的形象，可能与回鹘人有关。而到了西夏晚期，壁画中又出现了西藏密宗的内容。元代洞窟只有8个，全部是新开凿的，出现了方形窟中设圆形佛坛的形制，壁画和雕塑基本上都和西藏密宗有关。典型洞窟有第3窟、第61窟和第465窟等。

四大石窟

敦煌莫高窟：坐落在河西走廊西端的敦煌。

麦积山石窟：位于甘肃省天水市东南约45千米处，是我国秦岭山脉西端小陇山中的一座奇峰，山高只142米，但山的形状奇特，孤峰崛起，犹如麦垛，人们便称之为麦积山。山峰的西南面为悬崖峭壁，石窟就开凿在峭壁上，有的距山基二三十米，有的达七八十米。在如此陡峻的悬崖上开凿成百上千的洞窟和佛像，在我国的石窟中十分罕见。

龙门石窟：位于河南省洛阳市南13千米处，凿于北魏孝文帝迁都洛阳（公元494年）时期，直至北宋，现存佛像十万余尊，窟龛二千三百多个。世界遗产委员会对其评价为：龙门地区的石窟和佛龛展现了中国北魏晚期至唐代（公元493—907年）期间，最具规模和最为优秀的造型艺术。这些详实描述佛教中宗教题材的艺术作品，代表了中国石刻艺术的最高峰。

云冈石窟：位于山西省大同市西16千米的武周山麓，武州川的北岸。石窟依山开凿，东西绵延一千米。现存主要洞窟45个，计1100多个小龛，大小造像51000余尊。其中的昙曜五窟，布局设计严谨统一，是中国佛教艺术第一个巅峰时期的经典杰作。

Temple and Cemetery of Confucius and the Kong Family Mansion in Qufu

←孔庙内的孔子塑像

地　　点：中国山东
建造时间：初建于公元前478年
占地面积：约95000平方米
结构形式：木构建筑
评　　价：孔庙是公元前478年为纪念孔夫子而兴建的，千百年来屡毁屡建，到今天已经发展成超过100座殿堂的建筑群。孔林里不仅容纳了孔夫子的坟墓，而且他的后裔中，有超过10万人也葬在这里。当初小小的孔宅如今已经扩建成一个庞大显赫的府邸，整个宅院包括了152座殿堂。曲阜的古建筑群之所以具有独特的艺术和历史特色，应归功于2000多年来中国历代帝王对孔夫子的大力推崇。

现存孔庙有建筑物466间，前后有九进院落，纵向轴线贯穿整座建筑，左右对称，布局严谨，气势宏伟。前三进院落布置导向性建筑物，如门或牌坊。第四进院有一座三重檐的高阁——奎文阁，其中藏有历代皇帝赏赐的图书。第七进院落中有"杏坛"，据说是孔子生前讲学处，始于坛上建亭，由当时著名文人党怀英篆书"古坛"匾额。金代亭子为十字结脊，黄瓦朱栏，又有杏树立侧，香炉在旁。孔庙的主殿——大成殿重檐九脊、黄瓦红垣，殿高31.89米，宽54米，进深34米。廊下有28根龙石柱，每根石柱都用整块石材雕成。前廊下的10根石柱用深浮雕的手法雕成双龙对舞，衬以云朵、山石、波涛，造型优美生动，是罕见的艺术瑰宝。孔庙中还存有大量的碑刻及画像砖，是研究中国古代书法和文化艺术的宝贵资料。

←孔庙的主殿大成殿

建筑与人文：
孔庙的发展历程

作为一个士子，孔子的一生是落魄的、失意的。他只做过短暂的鲁国司寇就开始了一生的颠沛流离。行行重行行，孔子处处碰壁，当时的境遇可想而知。

↑ 孔子像

谁能想到，自汉以后，孔子的思想成为延续两千多年的中国思想的主流，影响之深远，无与伦比。谁能想到，孔子殁后一年，公元478年，鲁哀公将其故宅3间改建为庙。现在的孔庙是由孔子的小小旧宅"发展"出来的。

↓ 鲁壁，据说它是秦始皇时孔子的第九代孙孔鲋藏《论语》等儒家经典的墙壁。

西汉末年，孔子的后代受封为"褒成侯"，还领到封地来奉祀孔子。到东汉末桓帝时（公元153年），第一次由国家为孔子建了庙。随着朝代岁月的递移，到了宋朝，孔庙已发展成三百多间房的巨型庙宇。历代以来，孔庙曾经多次受到兵灾或雷火的破坏，但是统治者总是把它恢复重建起来，而且规模越来越大。到了明朝中叶（16世纪初），孔庙在一次兵灾中损毁了之后，统治者不但重建了庙堂，而且为了保护孔庙，干脆废弃了原在庙东的县城，而围绕着孔庙另建新城——"移县就庙"。孔庙正门紧挨在县城南门里，庙的后墙就是县城北部，由南到北几乎把县城分割成为互相隔绝的东西两半。这就是今天的曲阜。孔庙的规模基本上就是在那时重建后留下来的。

自从萧何给汉高祖营建壮丽的未央宫，"以重天子之威"以后，统治阶级就学会了用建筑物来做政治工具。因为"夫子之道"是可以利用来维护封建制度的最有利的思想武器，所以每一个新的皇朝在建国之初，都必然隆重祭孔，大修庙堂，以阐"文治"；在朝代衰末的时候，也常常重修孔庙，企图宣扬"圣教"，扶危救亡。

孔子

孔子（公元前552年10月3日或公元前551年9月28日—前479年），名丘，字仲尼，鲁（今中国山东曲阜）人，祖籍河南夏邑，是中国春秋末期的思想家和教育家。孔子是中华文化中的核心学说——儒家学派的首代宗师，集华夏上古文化之大成，在世时已被誉为"天纵之圣"、"天之木铎"，是当时社会上最博学的学者之一，并且被后世统治者尊为至圣、至圣先师、万世师表。孔子和他创立的儒家思想对中国和朝鲜半岛、日本、越南等地区有着深远的影响，这些地区又被称为儒家文化圈。

山西佛光寺
Foguang Temple of Shanxi Province

地　　点：中国山西
建造时间：重建于唐德宗建中三年（公元782年）
占地面积：3078平方米
结构形式：木构建筑
评　　价：中国现存唯一可考的唐代木构建筑

↑ 佛光寺宫殿内的木质结构非常精巧。

佛光寺建在半山坡上。东南北三面环山，西面地势低下开阔。寺因势而建，坐东朝西。全寺有院落三重，分建在梯田似的寺基上。寺内现有殿、堂、楼阁等一百二十余间。其中，东大殿七间为唐代建筑，文殊殿七间为金代建筑，其余均为明清时期建筑。

东大殿是佛光寺的正殿，面宽七间、进深四间。梁思成先生形容此殿"斗栱宏大，出檐深远"，是典型的唐代建筑。经测量，斗栱断面尺寸为210厘米×300厘米，是晚清斗栱断面的10倍，殿檐探出达3.96米，这在宋以后的木构建筑中也是找不到的。

← 山西佛光寺是中国现存最早的木构建筑。

建筑与人文：
五台山佛教建筑群

世上好语佛说尽，天下名山僧占多。自从佛教传入中国之后，寺院建筑风起云涌。青灯黄卷，打坐默思需要一个远离喧嚣、隔绝尘世、清幽宁静的环境。寂静的深山里一批批佛寺拔地而起，从此晨钟暮鼓在山林中响起来了。

↑佛教圣地五台山

五台山位于中国山西省五台县东北部，为中国四大佛教名山之一。因其东南西北中五座山峰如五根擎天大柱岿然挺立，而峰顶平坦如台而得名。据明代高僧镇澄撰《清凉山志》记载：五台山佛寺之始，以大孚灵鹫寺（今显通寺）为最早，初建于东汉永平十一年（公元68年），是汉明帝刘庄邀请印度高僧摄摩腾、竺法兰东来传法时诏令兴建，成为"释源宗祖"之一。北齐时五台山有200余座寺庙，唐代最多达360余座，"会昌灭佛"之后，宋代还有72座，明时回升到104座，清末民初达到112座。五台山现存有唐代以来7个朝代的寺庙68座。主要有唐代建筑南禅寺、佛光寺，宋代建筑洪福寺，金代建筑延庆寺、岩山寺，元代建筑广济寺、三圣寺，明代建筑殊像寺、显通寺、塔院寺、圆照寺、碧山，清代建筑菩萨顶、镇海寺及民国建筑南山寺、普化寺、龙泉寺、金阁寺、尊胜寺等。这些规模宏大的古建筑群，反映了自唐代以来中国各个时期的佛教建筑文化，是研究中国古代佛教建筑艺术的活标本，在中国乃至世界建筑史上占有十分重要的地位。

佛教四大名山

佛教四大名山包括：普陀山、九华山、五台山、峨眉山。它们又称"四大道场"——相传为四位菩萨分别显灵说法的道场。

普陀山位于浙江普陀县，为舟山群岛之一，相传为观音菩萨显灵说法道场。普陀山最盛时，有大小寺庙三百多座，僧人3000人。现仅存普济、法雨、慧济诸寺，及梵音洞、磐陀石、多宝塔等名胜。古代来往日本、朝鲜等国之行旅，常停此候风，拜观音，祈求航行安全。

九华山在安徽省青阳县境，传说是地藏菩萨显灵说法的道场。佛教传说释迦牟尼逝世后1500年，地藏菩萨降生于新罗国王家，姓金号乔觉，于唐永徽四年（公元653年）渡海至此，开元十六年（公元728年）去世。佛教说地藏菩萨法力最大，他曾发誓"众生度尽，方证菩提，地狱未空，誓不成佛"。九华山最盛时期庙宇达二百多座，僧尼五千多名。至今保存完好的庙宇还有五十多座，佛像六千多尊。

峨眉山位于四川峨眉县，传说是普贤菩萨显灵说法的道场。公元6世纪时，它已是全国著名佛教圣地。最盛时全山有寺、庵、殿一百多处。如今保留的寺庙尚有二十余处。佛教称峨眉山为"光明山"，道教则称之"虚灵洞天"、"灵陵太妙天"。

应县木塔

the Sakyamuni Pagoda

地　　点：中国山西省
建造时间：建于辽清宁二年（公元1056年），金明昌六年（公元1195年）增修完毕
结构形式：木构塔式建筑
评　　价：中国现存最高最古的一座木构塔式建筑，也是唯一一座木结构楼阁式塔。

应县木塔位于山西省朔州市应县城中西北佛宫寺内，属于"前塔后殿"的布局。塔建造在4米高的台基上，塔高67.31米，底层直径30.27米，呈平面八角形。第一层立面重檐，以上各层均为单檐，共5层6檐，各层间夹设暗层，实为9层。因底层为重檐并有回廊，故塔的外观为六层屋檐。各层均用内、外两圈木柱支撑，每层外有24根柱子，内有8根，木柱之间使用了许多斜撑、梁、枋和短柱，组成不同方向的复梁式木架。有人计算，整个木塔共用红松木料3000立方，重约2600吨，整体比例适当，建筑宏伟，艺术精巧，外形稳重庄严。

该塔身底层南北各开一门，二层以上四周设平座栏杆，每层装有木质楼梯，游人逐级攀登，可达顶端。2~5层每层有四门，均设木隔扇，光线充足，出门凭栏远眺，恒岳如屏，桑干似带，尽收眼底，心旷神怡。塔内各层均塑佛像。一层为释迦牟尼，二层坛座方形，上塑一佛二菩萨和二胁侍。三层坛座八角形，上塑四方佛。四层塑佛和阿难、迦叶、文殊、普贤像。五层塑毗卢舍那如来佛和八大菩萨。众佛像雕塑精细，情态各具，具有较高的艺术价值。

塔顶作八角攒尖式，上立铁刹，制作精美，与塔协调，更使木塔宏伟壮观。每层檐下装有风铃，微风吹动，叮咚作响，十分悦耳。

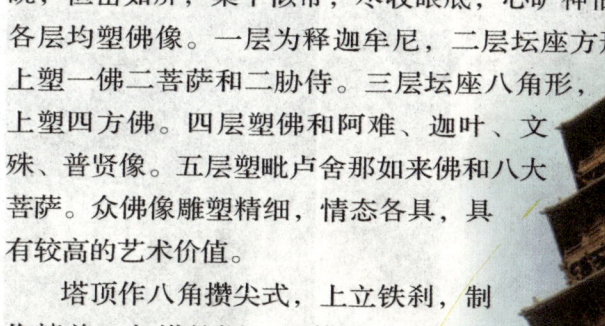

→ 山西朔州应县木塔

建筑与人文：

屹立不倒之谜

应县木塔建成于辽代清宁二年，即公元1056年。公元13世纪至今，应县及附近地区曾发生过十余次较强地震，其中6级以上就有3次，当地居民多次发生房毁人亡的悲剧，而木塔却安然无恙。抗日战争时期，应县木塔曾几次遭到炮火袭击，依然巍峨。

从结构力学的理论上看，木塔结构非常科学，卯榫咬合，刚柔相济，这种刚柔结合的特点有着巨大的耗能作用。

应县木塔的基础也非常坚实，这是其长立不倒的另一个重要原因。1993年有关部门曾对木塔塔院及周围地质状况进行了详尽勘察，发现木塔基土主要由黏土及砂类组成，工程地质条件非常好，其承载力远大于木塔的荷载。所以，直到现在，人们仍然不用担心木塔会有因"底虚"而倾倒的可能。

此外，由于木塔地处山西省北部，这里常年气候干燥，多风少雨，利于木材干燥；同时，在夏天，塔里居住着成千上万只麻燕，这些麻燕以木塔上蛀虫为食，千百年来起着"护塔卫士"的作用。

全木结构绝缘，鲜遭雷电攻击，这正是应县木塔的另一个奇特之处。

↑ 应县木塔内精巧而坚固的木质结构

佛牙舍利

应县佛宫寺释迦塔内供奉着两颗为全世界佛教界所尊崇的圣物——佛牙舍利，它盛装在两座七宝供奉的银廓里，经考证确认为是释迦牟尼灵牙遗骨。

公元486年，释迦牟尼涅槃，享年80岁，佛灭度后，共留下7颗佛牙舍利。

今日之佛教界对释迦牟尼荼毗后究竟留下多少颗佛牙，看法不一。一说是佛灭度后留下4颗佛牙，另一说是佛灭度后留下7颗佛牙。

故宫

The Forbidden City

地　　　点：中国北京
建造时间：始建于明永乐4年（公元1406年），1420年基本竣工
占地面积：72万平方米
结构形式：木构建筑
评　　　价：紫禁城是中国5个多世纪以来的最高权力中心，它以园林景观和容纳了家具及工艺品的九千多个房间的庞大建筑群，成为明清时代中国文明无价的历史见证。

↑ 故宫角楼

　　北京故宫是明清两代建造的中国规模最大的宫殿建筑群。永乐进士、南京国子监祭酒陈敬宗在《北京赋》中赞其"布列有序、不爽尺寸。妙合化工、莫究窥测"、"千门开兮万户，带岩廊以回萦。……观其琼阶瑶砌、赤墀彤庭，青琐金铺，绮窗珠棂。……三光临耀、五色璀璨。……此诚所谓旷千古之希逢、而超万代之观者也。"

　　故宫南北长961米，东西宽753米。宫城周围环绕着高12米，长3400米的宫墙，形式为一长方形城池，墙外有52米宽的护城河环绕，形成一个壁垒森严的城堡。故宫宫殿建筑均是木结构、黄琉璃瓦顶、青白石底座，饰以金碧辉煌的彩画。故宫有4个门，正门名午门，东门名东华门，西门名西华门，北门名神武门。面对北门神武门，有用土、石筑成的景山，满山松柏成林。在整体布局上，景山可说是故宫建筑群的屏障。

　　故宫的建筑依据其布局与功用分为"外朝"与"内廷"两大部分，以乾清门为界，乾清门以南为外朝，以北为内廷。宫殿沿南北向中轴线纵向排列，三大殿、后三宫、御花园都位于这条中轴线上。并向两旁展开，南北取直，左右对称。

　　外朝以太和、中和、保和三大殿为中心，是皇帝举行朝会的地方，也称为"前朝"。是封建皇帝行使权力、举行盛典的地方。此外两翼东有文华殿、文渊阁、上驷院、南三所；西有武英殿、内务府等建筑。

　　内廷以乾清宫、交泰殿、坤宁宫后三宫为中心，两翼为养心殿、东西六宫、斋宫、毓庆宫，后有御花园。是封建帝王与后妃居住之所。内廷东部的宁寿宫是为当年乾隆皇帝退位后养老而修建的。内廷西部有慈宁宫、寿安宫等，此外还有重华宫、北五所等建筑。

↓ 太和殿

建筑与人文：
中国屋顶的形式

中国古代建筑的屋顶可分为庑殿式顶、歇山式顶、悬山式顶、硬山式顶、攒尖式顶和录顶等形式。按屋檐的层数分，庑殿顶、歇山顶和攒尖顶又分为单檐和重檐两种。歇山顶、悬山顶和硬山顶又分出一种没有正脊的卷棚式屋顶。此外，歇山式还分出一种极少见的十字歇山顶。

庑殿顶：又称四阿顶，五脊四坡式，又叫五脊顶。前后两坡相交处是正脊，左右两坡有四条垂脊，分别交于正脊的一端。庑殿顶分单檐和重檐两种，重檐庑殿顶，是在庑殿顶之下，又有短檐，四角各有一条短垂脊，共9脊，如太和殿的顶。重檐庑殿顶是清代所有殿顶中最高等级，只有皇帝和孔子的殿堂可以使用。

歇山顶：又称九脊顶，除一条正脊、4条垂脊外，还有4条戗脊。正脊的前后两坡是整坡，左右两坡是半坡。歇山顶主要分单檐和重檐两种，重檐歇山顶的第二檐与庑殿顶的第二檐基本相同。在等级上仅次于重檐庑殿顶天安门、太和门、保和殿等均为此种形式。五品以上官吏的住宅正堂才能用歇山式顶（单檐）。

悬山顶：五脊二坡，两侧的山墙凹进殿顶，使顶上的檩端伸出墙外（屋顶左右屋檐出山墙），又称挑山。

硬山顶：五脊二坡，与悬山顶不同之处在于，两侧山墙从下到上把檩头全部封住（屋顶左右屋檐不出山墙）。硬山顶出现得最晚，是随着明清时期房墙壁广泛使用砖砌后才大量采用。六品以下官吏及平民住宅的正堂只能用悬山式或硬山式屋顶。

硬山防风火，悬山防雨，因此南方民居多用悬山，北方多硬山。

攒尖顶：用于正多边形或圆形建筑，顶部有一个集中点，即宝顶。角式攒尖顶有与其角数相同的垂脊，圆攒尖顶则由竹节瓦逐渐收小，故无垂脊。故宫中和殿、天坛祈年殿属攒尖顶。

录顶：屋顶（四边或正多边形）上部做成平顶，下部做成四面坡四向（或多面坡多向）排水。垂脊上端有横脊，横脊的数目与角数相同。各条横脊首尾相连，故亦称圈脊。

卷棚顶：屋面双坡，屋顶最上方没有凸出的正脊。从梁架结构看，梁架最上方没有正中的脊檩，而是在上方两侧并列两个脊檩，上加弧形罗锅椽，使两坡相接处呈圆弧形。硬山式、悬山式和歇山式都可以做成卷棚顶。此种建筑，园林中居多；宫殿建筑群中，太监、佣人等居住的边房，多为此顶。

苏州园林

The Classical Gardens of Suzhou

地　　点：中国苏州
建造时间：16~18世纪
评　　价：没有哪些园林比历史名城苏州的四大园林更能体现出中国古典园林设计的理想品质。咫尺之内再造乾坤，苏州园林被公认是实现这一设计思想的典范。这些建造于16~18世纪的园林，以其精雕细琢的设计，折射出中国文化中取法自然而又超越自然的深邃意境。

　　古老、精致、纤巧、温软、深邃、诗意，这就是苏州。苏州的建筑以园林享誉中外，甚至可以说整个苏州就是一座大园林。余秋雨说："苏州，是中国文化宁谧的后院。"

　　拙政园是闻名遐迩的苏州古典园林的经典之作，它山明水秀，厅榭典雅，花木繁茂，湖石峻秀，以其精致巧妙的建筑构思、高雅的艺术品位、深博淡远的意境、丰富的文化内涵而成为苏州众多古典园林的杰出典范和代表。

　　拙政园是苏州古典园林中面积最大的一座，占地面积达5.2万平方米，以"毫发无遗憾"的布局著称。总体布局是以水池为中心，水可以说是全园的纽带和灵魂。临水而筑的各式亭轩楼阁，错落有致，主次分明，又借曲径等相互连接。山、水、石、池、林、亭、堂相互映衬融合，宛如天然。入园后一座翠石叠嶂的假山首先挡住了视线，遮住园内的全部景致。绕过这座假山，前面豁然开朗。园中景物尽收眼底。如此一收一放，欲扬先抑，是中国古典庭院式建筑的惯用手法，称为"障景法"。这样的设置安排，使得观赏过程峰回路转，曲折跌宕，富有节奏感。

↑苏州园林博物馆中拙政园西园的模型（局部），精巧、自然、浑然天成。

→青翠的竹丛和参天的古树，还有碧绿的荷叶，簇拥着一座巨大的石峰，它的名字叫"缀云峰"。像一个屏风一样，挡住来宾视线。这是"开门见山"的造园方法，起着引人入胜的作用。

园林中部基本保留了明代风貌，以水面为中心，利用山岛、洲渚及水的分流聚合，形成疏朗幽雅的特色，是全园的精华所在。约呈长方形的水面，占有中部园子1/3的面积，里面有东、西两座山岛，旁边架设了许多小桥和游廊把水面分成数块，岸线弯曲自然，有源源不尽之意。南岸较多陆地，亭榭建筑主要集中于此。

从中园的门扉可至东园，为明代"归田园居"的旧址。拙政园的西部明静幽雅，回廊起伏，水波倒影，别具意境。

拙政园在功能上宅园合一，可赏、可游、可居。中国园林不像西方园林那样追求整齐划一的几何效果。它遵循的是"有若自然"的原则，处处仿佛造化天成，排除人工的痕迹。在建筑手法上大量采用借景来强化，即将建筑物的门窗构化成"画框"，将园林山水景致巧妙纳入其中，或以景衬景，彼此相应相扣，扩大园林的层次空间。

苏州园林是明清时期江南民间建筑的杰出代表，反映了这一时期中国江南地区高度发达的文明，体现出当时的审美品位与建筑工艺技术水平，曾影响到整个江南城市的建筑格调，并带动了民间建筑的发展。

建筑与人文：
园林与诗词

中国园林与中国文学是一种盘根错节、难分难离的关系。谈中国园林总离不了中国诗文。而画呢？也是以南宗的文人画为蓝本。所谓"诗中有画、画中有诗"，归根到底脱不开诗文一事，这就是中国造园的主导思想。

在古典园林中，广泛、大量运用匾额、碑刻、对联、题咏、雕梁画栋、刻雕、文学、绘画等手法进行造景，所以说中国的古典园林大都是"标题园"，其匾额、对联等的运用直接可成一景，对主景和环境起到衬托和深化的作用，可以讲，对联、匾额、碑刻、雕梁画栋在我国的古典园林中无处不在，遍及每个角落，对丰富园林景观起到不可替代的作用。如杭州西泠印社的入口壁刻，北京颐和园的长廊彩绘，以及亭、榭、舫、阁、楼、桥等处的对联、匾额等题咏，这些都增添了园林景观的品味和文学气息。在古典园林主题意境的体现方面，诗词、绘画均起到了"画龙点睛"的作用。

首先，突出园林的主题和意境。中国古典园林中主题的突出有两种形式：一种是突出整个园子的主题，如具有代表性的江南古典私家园林网师园、留园、个园、勺园、拙政园、怡园等。这些都是在城市园林之中再现山河大川等自然之貌的一种景象，其布局体现"小中见大，咫尺山林"、"以勺代水，以址为绘"的一种境界。并将园主人的思想感情加以融糅和寄托，增强其深邃意境的。取名"网师"，是因为"宋宗元以'网师'自号，并颜其园，盖托于渔隐之义，亦取巷名音相似也"。原来宋宗元由于母亲年迈，50岁即陈情乞归故里，筑网师园为退隐、养亲之所。他自比渔人，号"网师"，并以此为花园命名，一则借正史志花圃"渔隐"的原义，有隐居自悔之志；再则也因为园旁有巷名王思，取其谐音。

其次是点景。如题咏、楹联有：拙政园中部景区的"荷风四面亭"，额悬"荷风四面"，亭柱有对联："四壁荷花三面柳，半潭秋水一房山。"独坐亭中，观赏着田田荷叶，依依垂柳，清风徐来，荷香沁人，真是"柳浪接双桥，荷风来四面"；"闻木樨香轩"在苏州留园，位于黄石假山之上，山上桂树丛生，八月中秋，月桂盛开，香飘四方，故取名"闻木樨香轩"，上书对联："奇石尽含千古秀，桂花香动万山秋"，点明此处怪岩奇石、岩桂飘香的迷人景象。

同时诗词绘画还拓宽了园林意境的内涵和外延（拓境），使园林景观产生"象外之象、景外之景"的弦外之音。如"蝉噪林逾静、鸟鸣山更幽"（苏·拙政园·雪香云蔚亭），取自南朝梁诗人王籍《入若耶溪》一诗的颈联，该亭和远香堂隔池相望，四面遍植梅花，暗香浮动，且有枫、柳、松、竹交相争荣，以"香雪"喻梅，以"云蔚"喻树木茂密，上有明朝著名画家文徵明行草对联："蝉噪林逾静、鸟鸣山更幽"，以动来反衬静，几声蝉噪、几声鸟鸣更显示出其地林之静、山之幽，居高临下，环览园中之景色，远方水波潋艳，万榭隐现，近处山上树木葱茏，百鸟和鸣，山下溪涧环流，芦苇摇曳，颇有野山旷湖之意。

鸟巢

Beijing National Stadium (Bird's Nest/Olympic Stadium)

地　　点：中国北京
竣工时间：2008年
建筑面积：25.8万平方米
结构形式：混凝土框架看台，钢结构

"鸟巢"是大家对中国国家体育场的昵称，因其酷似可爱的鸟巢而得名。其外形结构主要由巨大的门式钢架组成，共24根桁架柱。国家体育场建筑顶面呈鞍形，长轴为332.3米，短轴为296.4米，最高点高度为68.5米，最低点高度为42.8米。

体育场外壳采用可作为填充物的气垫膜，使屋顶达到完全防水的要求，阳光可以穿过透明的屋顶满足室内草坪的生长需要。比赛时，看台是可以通过多种方式进行变化的，可以满足不同时期不同观众量的要求，奥运期间的20000个临时座席分布在体育场的最上端，且能保证每个人都能清楚地看到整个赛场。入口、出口及人群流动通过流线区域的合理划分和设计得到了完美的解决。

鸟巢设计中充分体现了人文关怀，碗状座席环抱着赛场的收拢结构，上下层之间错落有致。无论观众坐在哪个位置和赛场中心点之间的视线距离都在140米左右。"鸟巢"的下层膜采用吸声膜材料、钢结构构件上设置吸声材料，以及场内使用的电声扩音系统，这三层"特殊装置"使"鸟巢"内的语音清晰度指标指数达到0.6——这个数字保证了坐在任何位置的观众都能清晰地收听到广播。"鸟巢"的设计师们还运用流体力学设计，模拟出91000个人同时观赛的自然通风状况，让所有观众都能享有同样的自然光和自然通风。

"鸟巢"的观众席里，还为残障人士设置了200多个轮椅座席。这些轮椅座席比普通座席稍高，保证残障人士和普通观众有一样的视野。赛时，场内还提供助听器并设置无线广播系统，为有听力和视力障碍的人提供周到服务。

The Water Cube

地　　点：中国北京
竣工时间：2008年
建筑面积：87283平方米
结构形式：主体钢结构，外层膜结构

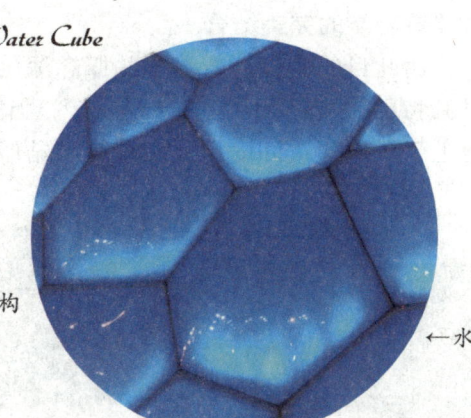

←水立方外墙特写

　　"水立方"是大家对中国国家游泳中心亲昵的称呼，因其独具特色的外墙而来。其最引人注目的就是外围形似水泡的 ETFE 膜（乙烯－四氟乙烯共聚物）。ETFE 膜是一种透明膜，能为场馆内带来更多的自然光，它的内部是一个多层楼建筑，对称排列的大看台视野开阔，馆内乳白色的建筑与碧蓝的水池相映成趣。

　　国家游泳中心的设计方案，是经全球设计竞赛产生的。设计体现出"水立方"的设计理念，融建筑设计与结构设计于一体，设计新颖，结构独特，与国家体育场相互协调，功能上完全满足2008年奥运赛事要求，而且易于赛后运营。

　　这个看似简单的"方盒子"是由中国传统文化和现代科技共同"搭建"而成的。中国人认为：没有规矩不成方圆，按照制定出来的规矩做事，就可以获得整体的和谐统一。中国传统文化中的"天圆地方"的设计思想催生了"水立方"，它与圆形的"鸟巢"——国家体育场相互呼应，相得益彰。方形是中国古代城市建筑最基本的形

水立方和鸟巢巧妙地演绎了"天圆地方"的传统文化概念

态，它体现的是中国文化中以纲常伦理为代表的社会生活规则。而这个"方盒子"又能够最佳体现国家游泳中心的多功能要求，从而实现传统文化与建筑功能的完美结合。

为达此目的，设计者将水的概念深化，不仅利用水的装饰作用，还利用其独特的微观结构。基于"泡沫"理论的设计灵感，他们为"方盒子"包裹上了一层建筑外皮，上面布满了酷似水分子结构的几何形状，表面覆

↙ 水立方结构模型

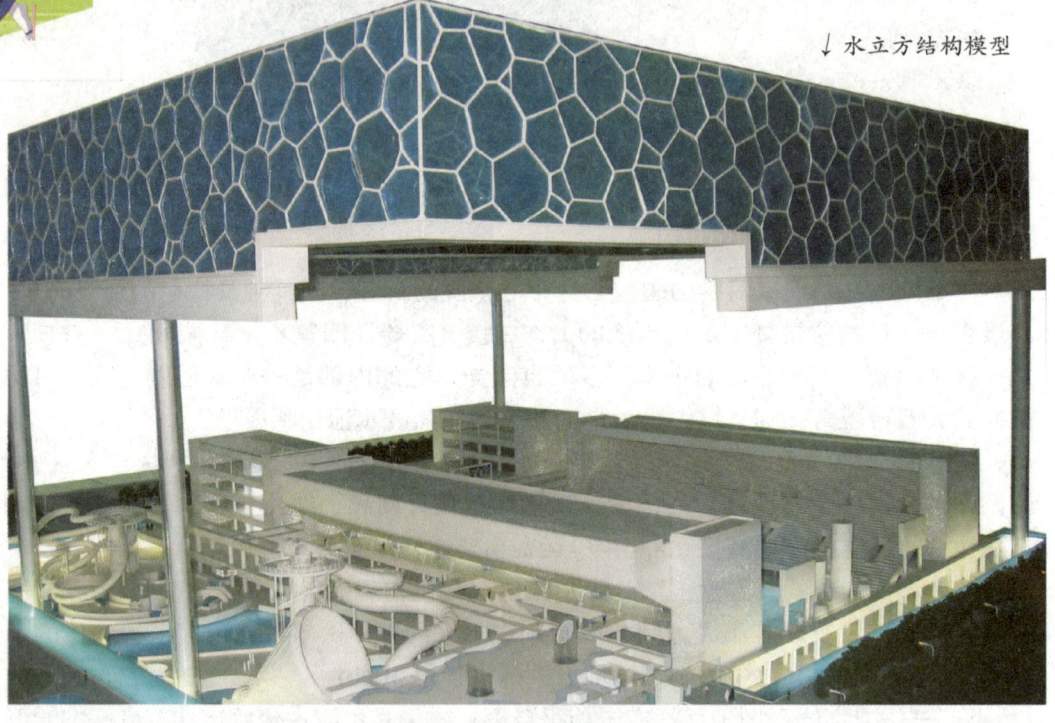

盖的ETFE膜又赋予了建筑冰晶状的外貌，使其具有独特的视觉效果和感受，轮廓和外观变得柔和，水的神韵在建筑中得到完美体现。轻灵的"水立方"能够夺魁，还在于它体现了诸多科技和环保特点。合理组织自然通风、循环水系统的合理开发，高科技建筑材料的广泛应用，都共同为国家游泳中心增添了更多的时代气息。泳池也应用了许多创新设计，如把室外空气引入池水表面、带孔的终点池岸、视觉和声音出发信号等，这些设备共同把"水立方"比赛池组装成了世界上令运动员游得最快的泳池。

→ 2008年北京奥运会的游泳、跳水等比赛项目都是在水立方进行的，在这个泳池有25项世界纪录被先后打破，震惊了全世界。

泰姬陵

Taj Mahal

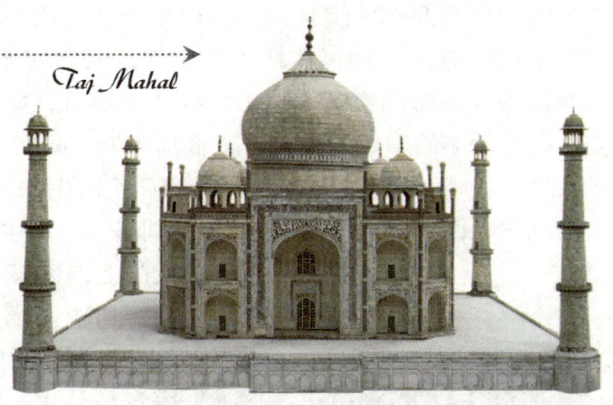

地　　点：印度亚格拉
建造时间：1632—1647年
占地面积：17万平方米
建筑风格：伊斯兰建筑

　　泰姬·巴哈尔意为宫廷的花冠。陵整个陵园是一个长方形，长576米，宽293米。四周被一道红砂石墙围绕。正中央是陵寝，在陵寝东西两侧建有清真寺和答辩厅这两座式样相同的建筑，两座建筑对称均衡，左右呼应。陵的四方各有一座尖塔，高达40米，内有50层阶梯，是专供穆斯林阿訇拾级登高而上的。大门与陵墓由一条宽阔笔直的、用红石铺成的甬道相连接，左右两边对称，布局工整。在甬道两边是人行道，人行道中间修建了一个"十"字形喷泉水池。泰姬陵的前面是一条清澄水道，水道两旁种植有果树和柏树，分别象征生命和死亡。

↓这是一座全部用白色大理石建成的宫殿式陵园，是一件集印度建筑艺术于一体的古代经典作品。它是印度的骄傲，是世界古代七大奇迹之一。

陵园分为两个庭院：前院古树参天，奇花异草，芳香扑鼻，开阔而幽雅；后面的庭院占地面积最大，十字形的宽阔水道交汇于方形的喷水池。喷水池中一排排的喷嘴，喷出水柱交叉错落，如游龙戏珠。后院的主体建筑，就是著名的泰姬的陵墓。陵墓基座为一座高 7 米、长宽各 95 米的正方形大理石，陵墓边长近 60 米，整个陵墓全用洁白的大理石筑成，顶端是巨大的圆球，四角矗立着高达 40 米的圆塔，庄严肃穆。象征智慧之门的拱形大门上，刻着《古兰经》。中央墓室放着泰姬和沙·贾汗的两具石棺，宝石闪烁。

↓ 泰姬陵中精美绝伦的石棺

寝宫居于陵墓正中，四角各有一座塔身稍外倾的圆塔，以防止塔倾倒后压坏陵体。寝宫的上部为一高耸饱满的穹顶，下部为八角形陵壁，上下总高 74 米，用黑色大理石镶嵌的半部古兰经的经文置于 4 扇拱门的门框上。寝宫内有一扇由中国巧匠雕刻得极为精美的门扉窗棂。寝宫共分宫室 5 间，宫墙上有构思奇巧的、用珠宝镶成的繁花佳卉，使宫室更显光彩照人。中央八角形大厅是陵墓的中心，在墙上镶嵌着浅浮雕和精美的宝石。中心线上安放着泰姬的墓碑，国王沙·贾汗的墓碑在其旁边。

泰姬陵最令人瞩目的是用纯白大理石砌建而成的主体建筑，皇陵上下左右工整对称，中央圆顶高 62 米，令人叹为观止。四周有四座高约 41 米的尖塔，塔与塔之间耸立了镶满 35 种不同类型的半宝石的墓碑。陵园占地 17 万平方米，为一略呈长形的圈子，四周围以红砂石墙，进口大门也用红岩砌建，大约两层高，门顶的背面各有十一个典型的白色圆锥形小塔。大门一直通往沙·贾汗王和王妃的下葬室，室的中央则摆放了他们的石棺，庄严肃穆。

主体建筑外观以最高级纯白大理石打造，内外镶嵌美丽的宝石（水晶、翡翠、孔雀石）。正如沙·贾汗在建好之初所说："如果人世间有天堂与乐园，泰姬陵就是这个乐园。"

泰姬陵在早、中、晚所呈现出的面貌各不相同：早上是灿烂的金色；白天在阳光下是耀眼的白色；斜阳夕照下，白色的泰姬陵从灰黄、金黄，逐渐变成粉红、暗红、淡青色。而在月光下又成了银白色，白色大理石映着淡淡的蓝色萤光，更给人一种恍若仙境的感觉。陵园无论构思还是布局都是一个完美无缺的整体，它充分体现了伊斯兰建筑艺术的庄严肃穆、气势宏伟的独特魅力。

昌迪加尔高等法院

Palace of Justice, Chandigarh

地　　　点：印度旁遮普邦省
建造时间：1952年建成
建 筑 师：勒·柯布西耶
建筑风格：粗野主义
结构形式：钢筋混凝土结构

→ 著名建筑师柯布西耶先生，本书前述之朗香教堂也是出自他的手笔。

昌迪加尔高等法院的外形轮廓简洁，建筑物的主要部分用一个长一百多米、由11个连续拱壳组成的巨大顶棚罩了起来，顶棚断面为V形，前后檐翘起，既可遮阳，又有利于气流畅通。顶棚以下有由4层，底层为门厅和并列的8个小法庭以及一个大法庭。法院入口由3个直通到顶的高大柱墩形成一个开敞的门廊，柱墩表面分别涂以橘红、黄、绿3种颜色，气势宏伟并鲜明地突出了入口。主要立面上全部做遮阳板，上部出挑，翘曲以呼应屋檐形式。法院外表是裸露的混凝土，上面保留着模板的印痕和水迹，使人感到十分粗犷。大门廊之内有坡道，墙壁上点缀着大大小小不同形状的孔洞，并涂以红、黄、蓝、白等鲜艳色彩，加之怪异的外形、超乎寻常的尺度、粗糙的混凝土表面和不协调的色块，给建筑带来了怪诞粗野的情调。

法院的建成曾引起各国建筑师的广泛关注。这种巨大尺度的建筑构件，粗壮的入口柱廊、色块对比的处理、粗糙的混凝土饰面、大胆的抽象图案设计所形成的特殊建筑风格，被人们称之为"粗野主义"建筑。它与勒·柯布西耶在20世纪20年代所提倡的"纯粹主义"的风格相对立。它给人的感觉，好似一个巨大而沉重的雕塑品，所以被称为"塑性造型"。

↑ 昌迪加尔高等法院及入口处特写

奈良法隆寺

Horyuji Temple

地　　点： 日本奈良
建造时间： 始建于公元607年
占地面积： 18700平方米
评　　价： 在奈良县的法隆寺地区，有48座佛教建筑，代表了日本最古老的建筑形式，是木质建筑的杰作。其中的11座建筑修建于8世纪之前或8世纪期间，它们标志着艺术史和宗教史发展的一个重要时期，即再现了中国佛教建筑与日本文化的融合。

↑ 法隆寺屋顶上的龙，体现了其与中国文化的融合。

　　法隆寺别名斑鸠寺，是日本佛教圣德宗的总寺院，建筑布局和结构深受中国南北朝建筑文化的影响，寺内有四十多座建筑物，保存着数百件7~8世纪的艺术精品。

　　法隆寺规模宏大，南北向。南大门至西院上御堂约为270米，西大门至东院门约为540米，为平安时代的奈良七大寺之一。寺院分东、西两院，西院始建于公元607年，后因在公元670年被烧毁而重建，是法隆寺主要建筑群。其中有：金堂佛像殿、五重塔、大讲堂、上御堂、钟楼、鼓楼、东西僧房、圣灵院、三经院等。附

↓ 奈良是日本佛教的中心，而始建于公元7世纪的法隆寺更像是一位得道的老僧，掩映于苍松翠柏之中，深邃而肃然，默望着千年的沧海桑田。

属部分由食堂及仓库等组成。金堂是目前日本遗留下来最古老的木结构建筑,仍保持着日本飞鸟时代特征。为了能与五重塔在形态上协调,平面近乎正方形,采用重檐歇山式屋顶。金堂的斗拱称为云斗、云肘木,是多用曲线的独特款式。此外,二层的卍字形高栏(扶手)和将其支撑起来的"人"字形束也很独特。这些均是当时日本建筑的特色。支撑第二重屋檐四方的雕刻着有龙的柱子,这是为了强化建筑构造,在镰仓时代修理时附加的。金堂的壁画是日本佛教绘画的代表作,在国际上也十分著名。金堂西侧的五重塔为类似楼阁式塔,斗拱宏大,出檐深远,表现了木构纪念建筑既庄严又飘逸的风格。塔内没有楼板,平面呈方形,塔高31.5米,塔刹约占1/3高,上有九个相轮,是日本最古老的佛塔。塔的特色是底层到顶层的房檐的递减率高,第五重顶层房檐的一边只有底层房檐的一半左右。

东院建于8世纪末,原基地为圣德太子斑鸠宫遗址,其中有梦殿、礼堂、绘殿、舍利殿、传法堂、钟楼等。其中梦殿与传法堂是公元739年建的遗物,再现了中国唐代木构建筑的风格。

西园院位于南大门内西侧,1288年建,为寺院的一组服务性建筑。其中有客殿、新堂、地藏院、大浴室等。

法隆寺总体布局的特点是:金堂与五重塔并列左右,呈非对称式布局。佛教寺院的总体配置多为严谨对称式,法隆寺可算作一个特例。

回廊内的金堂、五重塔并列其中,体量形态相距甚远,如何将其构成一组均衡协调的建筑群,这是经过一番苦心琢磨的。

金堂、五重塔的中心线与东西回廊的外侧恰成三等分,外柱廊与中门的中轴线保持等距,与东、西、北三面回廊距离相等,南侧略宽,进入中门后令人感到景观整然,舒展的金堂和高耸的五重塔在空间形态上能取得和谐统一的效果,并非偶然。

→ 结构精美的五重塔

东京新市政厅

The New Tokyo City hall

地　　点：日本东京
竣工时间：1991年
建筑面积：35万平方米
建 筑 师：丹下健三

← 双塔型的东京新市政厅就像是一个巨人俯瞰着这座国际化大都市，与此同时这种结构设计也是对日本传统建筑设计理念的一种致敬。

　　东京新市政厅充满了现代化的气息。就建筑功能而言，其最基本的考虑是行政办公现代化所需的无柱灵活空间（19.2米×108.8米）以及信息化时代的信息功能的充实，并将尖端科技导入到空调、电器、给排水设备以及办公室的电子系统里去；在建筑形象和立面风格上，尽管它有243米的高度，但那能让人联想起哥特式教堂的外观和能唤起人们对江户时代以来东京传统形式回忆的图案组成的设计，不仅将传统与现代优雅地组合到一起，而且还强烈地表现出作为现代都市东京核心的纪念性。正如丹下所说："……这里不仅仅是科学、技术，而且要开始诉诸于人们的心灵……"在这里，建筑已经不单是一种物质盒子，还变成为表现人们心境的文化环境。

↓ 夜幕下的新市政厅散发着独特而迷人的光彩。

建筑与人文：
丹下健三

丹下健三（1913—2005年），1913年9月4日生于大阪，1938年从东京大学建筑系毕业，1949年在广岛原子弹爆炸地点原址建造和平中心的设计比赛中胜出，并由此在国际上崭露头角。

丹下健三的建筑创作活动大致分为三个阶段：

第一阶段为战后的20世纪50年代，他提出"功能典型化"概念，意在赋予建筑比较理性的形式，并探索现代建筑与日本建筑相结合的道路。该时期的代表作品有东京都厅舍、仓敷县厅舍等。

第二阶段是60年代，是丹下和他的研究所成果步入辉煌的时期。在1960年的东京规划中，他提出"都市轴"理论，对此后的城市设计影响深远；他也在大跨度建筑方面做出新的探索，作品以东京代代木国立综合体育馆最为著名；另外，在运用象征性手法和新的民族风格方面，他也进行了成功的尝试，如山梨县文化会馆、圣玛丽亚大教堂等。

第三阶段为1970年以后，丹下健三及其研究所在北非和中东做了不少建筑设计，如约旦哈西姆皇宫工程、阿尔及尔国际机场等。这一时期，丹下健三还对镜面玻璃幕墙进行了探索，重要作品有东京新市政厅、东京草月会馆新馆等。

值得一提的是，由丹下设计的1964年东京奥运会主会场——代代木国立综合体育馆被称为20世纪世界最美的建筑之一，而他本人也赢得日本"当代建筑界第一人"的赞誉。

丹下认为："虽然建筑的形态、空间及外观要符合必要的逻辑性，但建筑还应该蕴涵直指人心的力量。这一时代所谓的创造力就是将科技与人性完美结合。而传统元素在建筑设计中担任的角色应该像化学反应中的催化剂，它能加速反应，却在最终的结果里不见踪影……"这一最基本的理念便是丹下在建筑实践中始终坚持的信条。

↑学院派气息的设计师丹下健三先生

↑宽敞的内部设计让人无时无处不感觉到方便与灵活，不过这座大厦最令人咋舌的地方在于整个大楼内部竟然没有一根柱子。

关西国际机场

Osaka Kansai International Airport

地　　点：日本大阪
建造时间：1988—1994年
占地面积：45万平方米
建筑面积：11万平方米
建筑师：伦佐·皮亚诺和冈部宪明
建筑风格：高科技主义

↑由于日本仅有两家国际机场，因此每天会有数以百计的航班从这里飞向世界各地。

关西国际机场的建设可以说是人类建造史上的一个传奇。由于大阪周边用地吃紧，政府决定通过填海造地修建机场。通过5年的填海工程，用了1.8亿立方米的土方，在原先水深达17~18米的大海里填出了51.1万平方米的机场用地。机场建有一条3500米长的跑道，主候机楼长达1.5千米，采用玻璃和金属风格，蔚为壮观。俯视关西机场，可以最真切地感受它富于动感的飞机造型，柔和起伏的屋顶用9万块相同大小不锈钢板拼接而成，并由长度不一、曲率相同的钢肋支撑。机场刚建成时，引来建筑界和工程界无数赞誉，美国土木工程师协会甚至称其为"新世纪的丰碑"。

但好景不长，由于大阪湾海底是很厚的淤泥，条件不佳，机场从建设之日起就一直处于不断地沉降之中，目前该人工岛已经下陷了十多米。从营业之初，机场就不得不花费2700亿日元用于维修和在地下室内建造一堵水泥墙以防海水渗入，但是这些困难并没有阻止日方继续建设的信心。为了应付日益增加的航空交通，管理公司开始扩张机场，透过填海把机场岛面积扩大到1300公顷，以兴建第二条跑道及第二客运楼。目前机场第二条4000米长的跑道（6L/24R跑道）已于2007年8月2日开始运作，是日本第一条长4000米的跑道，原有的3500米跑道（6R/24L跑道）将成为副跑道。

↑面对着关西机场内部现代化的设施，一般人可能想象不到这样一座宏伟的机场竟然完全是靠填海建造起来的。

东京国际展览中心

Tokyo International Exhibition Center

地　　点：日本东京
竣工时间：1996年
占地面积：24万平方米
建 筑 师：佑藤综合设计

←夜色中的展览中心倒映在日本海的海面上，显得格外妖娆。

　　东京国际展览中心总建筑面积23万平方米，总展览面积8万平方米，总造价1890亿日元（当时约合17亿美元）。东展馆有6个90米×90米的大跨度展厅，每3个一组。东走廊的侧面有3个展馆，用自动隔墙分开，可分可合。展馆中每6米有由钢板盖住的沟，水、电及数据线可以很方便地到达展馆的任何角落。展馆也设置了大型运货通道，重型卡车可以方便地开到展场之中装卸。这里的展览常年不断，通常施工只给1天时间，而拆馆只有一晚的时间，所以展馆的高效运输是保证展馆使用率的重要基础。东京国际展览中心是世界上使用率最高的展馆之一。

　　西展馆90米×90米大厅是一个休闲场地，可以用来做展览开幕式活动。一层由8个45米×45米的单元组合成平面成U字形的展厅。四层由5个45×45米的单元组合成 平面为L形的展厅，并与6000平方米的室外展场连接，可通向13000平方米的室外地面展场。

↓专门用于举办小件物品展览会的东京国际展览中心，其外观就像是几个倒立的金字塔。

东京国际展览中心造型独特，给人一种挺拔向上的感觉，形状颇似古人的大帽子，有一种东方文化的特色。建筑内部除具有最新管理系统的国际会议场所之外，周围还配有中小型会议场，可容纳1000人。景观设计充分考虑用地特点，以会议塔楼为中心，形成互相垂直的城市轴线和玻璃通廊轴线，用4个筒体将会议部分高高举起。

展馆内部的通道也非常方便，上下有电动扶梯，在长长的大厅或走廊也都配备了电动步行道，使人们在这个大型展馆中行走并不感到疲惫。西展馆和东展馆有公路相隔，这样可以方便货车进出。在公路上方有连接东西两展馆的全封闭通道，通道有50米宽，足够容纳上千人同时通过，同时也设有电动步行道。

→ 东京国际展览中内部极具现代风格的设计

↓ 作为日本最大、最先进的国际展览中心，东京国际展览中心每天都要接待数以万计的游客。

京都火车站

JR Kyoto station

建造时间：1997年
建筑面积：23.8万平方米
建 筑 师：原广司

← 日本著名建筑大师，生于1936年，在20世纪60年代时，他被认为是日本最有前途的年轻建筑师之一。

　　京都火车站是一幢现代化程度高、规模大、综合功能强、服务门类齐全的建筑。开始筹建时，有人反对，说它破坏了京都古长安风格，而且也太浪费，但政府认为不能仅靠几座寺庙搞现代化。

　　根据常规，新建的京都车站应建设成体量轻巧的古典式，比较讨巧，而设计师原广司却在这样一个敏感、充满矛盾的历史古都中建设了一个大型的现代化建筑。

↑ 京都素有"日本人的故乡"之称，是日本保留传统最彻底的地方，然而这座处于京都的火车站却将现代化和高科技进行到底。

它占地38076平方米,总建筑面积237689平方米,地下3层,地上饭店部分16层,百货商店部分12层,塔屋1层,高达60米。它实际是一个综合建筑体,包括酒店、百货、购物中心(有古董店、咖啡馆和餐厅)、电影院、博物馆、展览厅、地区政府办事处、停车场。如此庞然大物矗立在几乎没有高层建筑的京都当然引发了非常大的争议,但开始使用后,这样的批评就相对减少了,甚至不少当初激烈反对的人也开始喜欢上这个建筑,因为在车站里面看不到火车,可以尽情享受逛街的乐趣,而且根本感觉不到这是一个车站。不得不佩服设计师驾轻就熟地在时间与空间、虚与实上腾挪翻转的高超技巧。步入京都火车站,可谓一步一惊心,体验到日本人在建筑上结合工艺的创新达到了极致,尤其是在观念的突破上。

车站外观的设计大胆出新,在空间上为一长条形矩形建筑,在时间上突出这是面向21世纪的新建筑,与历史保护建筑截然不同;在虚实上,灰色的墙体为实、镜面的窗户为虚,并采用方体为基本单元,富有节奏与韵律。车站内部别出心裁,透过像峡谷一样的空洞,仿佛一个时光隧道,连接着千年古都的前身与今世。在这里,站为实体、空洞为虚体。车站大楼创造了一个直通天空的人造景观,让市民联想到京都自身三面环山、头顶天空的城市景观。京都车站像一个代表国际城市的主题公园,兼收了外国的设计因素:美国购物中心式的中庭、西方城市的传统公共空

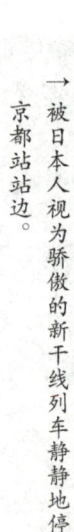

→ 被日本人视为骄傲的新干线列车静静地停靠在京都站站边。

间以及日本的交通中心。车站的东部有个中心的空中庭院,非常简洁明快。空中栈道的"实"反衬出上部空间的虚;周边的建筑与玻璃色彩淡雅虚化,中间利用空间高差,结合绿化的深绿色、花卉的红色做了3个层次的绿化布置,感觉像意大利的台地园,色彩上对比鲜明,质地上虚实相生。车站内部像峡谷一样的空洞的虚空间的两端,一边一个布置了古代雕塑与现代雕塑,它们的空间相距数百米,时间跨越上千年,进行着古与今、近与远的时空之间的无言对话。

神户兵库县立美术馆

Hyogo Prefectural Museum of Art

地　　点：日本神户
竣工时间：2001年
建 筑 师：安藤忠雄

←融合了日本传统风格与现代艺术的神户兵库县立美术馆

　　美术馆外观由石墙基座和三栋以玻璃为外墙的建筑所构成，前者传达了对震前这一地区的回忆，后者象征对未来的期望。玻璃外墙里还有一层混凝土墙，那才是真正包裹展示空间的墙，而玻璃墙和混凝土墙之间的这个回廊主要作为缓冲空间使用，走在回廊上还可欣赏户外景致。

　　建筑非常强调人、建筑和自然三者的关系。这座外观刚硬、线条锐利、几何造型、尺度不小的美术馆，除了和滨海的自然景致形成一种对立外，也容易给人一种压迫感。但当人们实际靠近它，站在那薄薄悬挑的屋檐底下，透过玻璃墙面透视美术馆内的活动时，不但压迫感丝毫没有产生，进到室内，走在回廊上，自然光透过玻璃将窗棂映照在廊道和混凝土墙上，随时让人感受到大自然的存在，同时滨海景致也映入眼帘。又如室外展示空间中通向主入口大厅的螺旋梯的设计，当人们一步步往下踏向那越来越封闭的人造空间时，抬头一望，竟是无限开阔的天空。

↓ 正在建造中的安藤的另外一部作品——亚洲大学艺术馆模型

阿联酋迪拜塔

Dubai Tower

地　　点：阿拉伯联合酋长国迪拜
建造时间：2004—2009年
占地面积：10.4万平方米
建筑面积：46.5万平方米
建 筑 师：阿德里安·史密斯
建筑风格：伊斯兰教建筑

←著名美国建筑设计师
阿德里安·史密斯

　　迪拜塔基座采用了富有伊斯兰建筑风格的几何图形——六瓣的沙漠之花，整个大楼楼面为"Y"字形，并由三个建筑主题逐渐连贯成一核心体，以螺旋上升的模式，至顶部转换为塔尖。这是一种具有挑战性的结构。

　　迪拜塔的轮廓包含着中东建筑的标志性元素，包括洋葱头、尖顶拱门和当地的花卉等。

建筑与人文：

世界高层建筑比较

迪拜塔：828米　台北101大楼：约510米　吉隆坡双子塔：约460米　纽约帝国大厦：约450米

盛大典礼

迪拜塔在举行启用典礼时公布大楼高度为828米，同时大楼改名为"哈里发"。为配合迪拜塔的惊人建筑数据，启用典礼动用大量特别效果，包括868盏大型闪光灯以及至少50种全计算机控制激光音响效果。典礼三大主题表演包括"从沙漠之花到迪拜塔"、"心跳时刻"和"从迪拜、阿联酋走向世界"，最后以一万多组大型烟花表演作为结束。

塔旁的迪拜喷泉以275米的破纪录水柱吸引世人目光。人们可以到122楼的餐厅边欣赏海拔440米的壮丽景色，边享受世界各地的美食。123层的高层大堂设有健身室和室内泳池，没有恐高症的人还可以挑战露天泳池。

世界之最

开发公司称迪拜塔满足最高建筑的全部四项标准，这个标准是由总部设于芝加哥的一家高层建筑和城市建设委员会制定的。这些评价标准包括：建筑体结构高度、最高占用楼层、屋顶构架高度以及建筑物尖塔、天线和旗杆顶尖高度。

迪拜塔与其他知名的高层建筑相比，至少创下了四项世界之最，分别是：

最高的建筑：828米（先前为美国北达科他州高628米的KVLY电视塔）；

最高的自立建筑：828米（先前为加拿大高553.3米的国家电视塔）；

最多楼层数：162层（先前为西尔斯大楼110层、纽约世贸中心110层）；

最高混凝土结构：601米（先前为中国台北101屋顶449.2米）。

数说迪拜塔

828米直插云霄，底层与楼顶温差10℃

33万立方米混凝土、3.9万吨钢结构，每天建造一层

2.8万块幕墙外层板，玻璃可覆盖14座标准规格足球场

57部电梯，最高时速64千米，到达顶层只需两分钟

169层空间，160套豪华酒店包间，95千米外可看见塔

高度纪录

从迪拜塔建筑图纸浮出水面之时起，它的高度便成为一个谜，历经数次修改。据了解，最初迪拜塔高度仅为560米，后来经SOM重新设计后高度调整为650米，随后又追加到705米，目前828米的高度是第八次修改方案。中国台北101大楼，高度508米，这个世界第一的纪录很快就被刷新。

迪拜塔在2009年1月17日高度达到了最终的828米，是人类历史上首个高度超过800米的建筑。

附录1 建筑名言录

🔺 建筑师品建筑

建筑是用结构来表达思想的科学性的艺术。
——弗兰克·劳埃德·赖特（20世纪美国最重要的一位建筑师）

建筑应该是自然的，要成为自然的一部分。
——弗兰克·劳埃德·赖特（20世纪美国最重要的一位建筑师）

形式只是对事物之间不同点的认识。……从中取走一点，形式也就毁掉了。……设计是一种练习，或是由认识形式而构成实体。随便举个例子，如果考虑所谓的"勺子"，你会想到一个容器和一个柄。拿走了容器，就只剩下了一把剑似的东西。取走了柄，则成为了一只杯子。放在一起，它们才成为一把勺子。但是，"勺子"不是某一把勺子，"勺子"是一种形式。某一把勺子，则可是银质的，木质的，纸的，——成为某一把勺子，这就是设计。……这可以类推到房屋以及任何我们所做成的东西。
——路易斯·康（美国现代建筑大师，与弗兰克·劳埃德·赖特被公认为对美国建筑学影响最大的建筑师）

"让我看看你的城市，我就能说出这个城市在文化上追求的是什么。"
——伊利尔·沙里宁（美国著名建筑师、杰出的建筑理论家）

让光线来做设计。
——贝聿铭（美籍华裔建筑师，被誉为"现代建筑的最后大师"）

少就是多。
——密斯·凡·德·罗（德国著名建筑师，被称为20世纪建筑史上的一面旗帜，他的贡献在于通过对钢结构和玻璃在建筑中应用的探索，发展出一种具有古典式均衡而又极端简洁的风格。）

真正的传统是不断前进的产物，它的本质是运动的，不是静止的，传统应该推动人们不断前进。
——瓦尔特·格罗皮乌斯（建筑师和建筑教育家，现代主义建筑学派的倡导人之一，德国包豪斯学校的创始人）

房屋是居住的机器。
——勒·柯布西耶（法国建筑师）

"如果从设计师的角度看这个建筑，它代表着当代建筑技术的高度；如果从居住者的角度看这个建筑，它洋溢着温馨和亲情。无论在哪个方面，它都引导着每个人从家庭到社区的层层过渡……

"没有语言，我们不能交谈，它是一种交流工具。没有语言，我们就不可能表达思想。在这个意义上，可以进一步说，是语言决定了我们如何表达思想……

"这是一种难以置信和十分荒唐的情况：我们正在浪费着大量的遗产，因为我们回避重新解释它、并使之能够互相交流的责任。我们完全忘掉建筑语言的日子已经为期不远了。"

——布鲁诺·赛维（意大利有机建筑学派理论家）

如果能够把花草、树木、流水、光和风根据人们自己的意愿从自然界中提炼出来，那么人间就接近于天堂了。

——安藤忠雄（日本籍，国际建筑大师）

我相信有情感的建筑，"建筑"的生命就是它的美，这对人类是很重要的。对一个问题如果有许多解决方法，其中的那种给使用者传达美和情感的就是建筑。

——路易斯·巴拉干（墨西哥20世纪庭园景观设计的著名建筑师）

一个东方老国的城市，在建筑上，如果完全失掉自己的艺术特性，在文化表现及观瞻方面都是大可痛心的。

——梁思成（中国著名的建筑学家和建筑教育家）

🔺 文化名人品建筑

建筑是凝固的音乐。
——歌德（18世纪中叶到19世纪初德国和欧洲最重要的剧作家、诗人、思想家）

人要塑造建筑，建筑也要塑造人。
——丘吉尔（英国首相、作家，诺贝尔文学奖获得者）

建筑是世界的年代资料，当歌曲和传说已经缄默，它依旧还在诉说。
——果戈里（俄罗斯大文豪）

巨大的建筑，总是由一木一石叠起来的，我们何妨做做这一木一石呢？我时常做些零碎事，就是为此。
——鲁迅（20世纪中国重要的作家）

最好的建筑是这样的，我们深处其中，却不知道自然在那里终了，艺术在那里开始。
——林语堂（中国当代著名学者、文学家、语言学家）

附录2　世界十大建筑之最

世界上最大的行政建筑——美国五角大楼（the Pentagon）

　　五角大楼坐落在美国华盛顿附近波托马克河畔的阿灵顿镇，是美国国防部所在地。从空中俯瞰，这座建筑成正五边形，故名"五角大楼"。

世界上最长的桥——路易斯安那州的庞恰特雷恩湖堤道（Lake Pontchar Causeway）

　　1969年，美国路易斯安那州的庞恰特雷恩湖2号堤道竣工，它把曼德韦尔和梅泰里连接起来，全长38.42千米，横跨庞恰特雷恩湖，其中有8英里只见水不见陆地，桥在湖的正中央纵贯而过。

世界上最大的游乐场——奥兰多迪士尼乐园（Orland Walt Disney World）

　　奥兰多迪士尼乐园位于美国佛罗里达州，投资40000万美元。是全世界最大的主题乐园，也是迪士尼总部，总面积达124平方千米，相当于新加坡面积的五分之一。拥有4座超大型主题乐园、3座水上乐园、32家度假饭店以及784个露营地。自1971年10月开放以来，每年接待游客约1200万人。

世界上最长的人造建筑——中国万里长城（the Great Wall）

　　雄伟壮观的万里长城，它横贯北方的崇山峻岭之巅，总长度6700多千米，始建于春秋战国。

世界上最大的巨石建筑——埃及胡夫金字塔（Khufu Pyramid）

世界上最大的古建筑群——北京故宫（the Forbidden City）

世界上最大的会堂式建筑——中国北京人民大会堂（the Great Hall of the People）

　　人民大会堂创了一个建筑史上的奇迹，1958年10月底动工，1959年9月竣工，从设计到建成仅历时一年。整组建筑平面呈"山"字形，正面墙呈"弓"字形。建筑面积达17.18万平方米。

世界上最高的建筑——阿联酋迪拜塔（Dubai Tower）

世界上最大的火车站——纽约中央火车站（New York's Central Train Station）

　　美国纽约市的中央火车站是世界上最大的火车站。于20世纪初由百万富翁威廉姆·范德贝尔德出资，沃伦和怀特摩尔公司、里德和斯泰姆公司联合承建。这座车站占地19万平方米，为世界之最。分上下两层，上层有41条铁路线，下层有26条铁路线。每天平均有550多列火车、21万名上下班旅客从这里经过。

世界上最大的停车场——奥黑尔机场停车场（O'Hare Airport Parking）

　　最大的停车场——美国芝加哥市的奥黑尔停车场，一共能存放轿车9250辆。

附录3　普利策建筑奖的获奖者

　　普利策建筑奖（The Pritzker Architecture Prize）设立于1979年，是由美国海亚特基金会（The Hyatt Foundation）设立的国际型奖项。它在全世界范围内，每年度都会提名并授予一位正在进行建筑行业工作的建筑师，以表彰其在建筑设计中所表现出来的才华和献身精神，以及他（她）通过建筑艺术的行为为人类及创造人工环境方面所做出的持久努力和杰出贡献。普利策建筑奖一向被认为是国际建筑界最具影响力的奖项，被誉为"建筑界的诺贝尔奖"。从1979年开设奖项起，迄今已产生30多位获奖者。

1979年	菲利普·约翰逊（美国）
1980年	刘易斯·巴拉甘（墨西哥）
1981年	詹姆斯·斯特林（英国）
1982年	凯文·罗奇（美国）
1983年	贝聿铭（美国）
1984年	理查德·迈耶（美国）
1985年	汉斯·霍莱因（奥地利）
1986年	戈特弗里德·博姆（德国）
1987年	丹下健三（日本）
1988年	戈登·邦沙夫特（美国）和奥斯卡·尼迈耶（巴西）
1989年	弗兰克·盖里（美国）
1990年	阿尔多·罗西（意大利）
1991年	罗伯特·文丘里（美国）
1992年	阿尔瓦罗·西扎（葡萄牙）
1993年	槙文彦（日本）
1994年	克里斯蒂安·德·鲍赞巴克（法国）
1995年	安藤忠雄（日本）
1996年	何塞·拉菲尔·莫尼欧（西班牙）
1997年	斯韦勒·费恩（挪威）
1998年	伦佐·皮亚诺（意大利）
1999年	诺曼·福斯特（英国）
2000年	雷姆·库哈斯（荷兰）
2001年	雅克·赫尔佐格（瑞士）和皮埃尔·德·默隆（瑞士）
2002年	格伦·莫库特（澳大利亚）
2003年	约翰·伍重（丹麦）
2004年	扎哈·哈迪德（英国）：首位获此殊荣的女建筑师
2005年	汤姆·梅恩（美国）
2006年	保罗·门德斯·达·罗查（巴西）
2007年	理查德·罗杰斯（英国）
2008年	让·努维尔（法国）
2009年	彼得·卒姆托（瑞士）
2010年	妹岛和世（日本）和西泽立卫（日本）：妹岛是继扎哈·哈迪德后第二个获得普利策建筑奖的女建筑师。西泽立卫现年44岁，是迄今为止最年轻的普利策建筑奖得主。

附录 4 **参考文献**

[1] 尹国均. 图解西方建筑史[M]. 武汉: 华中科技大学出版社,2010.

[2] 紫图大师图典丛书/编辑部. 世界不朽建筑大图典[M]. 西安: 陕西师范大学出版社,2003.

[3] 陈志华. 外国建筑史. 北京: 中国建筑工业出版社,2010（第四版）.

[4] 也土. 世界七大新建筑奇迹[M]. 武汉: 华中科技大学出版社,2008.

[5] 乔纳森•格兰西: 建筑的故事[M] 罗德胤、张澜译. 北京: 生活•读书•新知三联书店,2009.

[6] 陈龙海. 中国名建筑解读——见证历史天人合一[M]. 长沙: 岳麓书社,2008.

[7] 刘先觉, 汪晓茜. 外国建筑简史[M]. 北京: 中国建筑工业出版社,2010.

[8] 吴良镛. 从"亚洲特色"到"城市复兴"[N]. 建筑学报,2006.